Sitzungsberichte
der Heidelberger Akademie der Wissenschaften
Mathematisch-naturwissenschaftliche Klasse

Die Jahrgänge bis 1921 einschließlich erschienen im Verlag von Carl Winter, Universitätsbuchhandlung in Heidelberg, die Jahrgänge 1922—1933 im Verlag Walter de Gruyter & Co. in Berlin, die Jahrgänge 1934—1944 bei der Weißschen Universitätsbuchhandlung in Heidelberg. 1945, 1946 und 1947 sind keine Sitzungsberichte erschienen. Ab Jahrgang 1948 erscheinen die „Sitzungsberichte" im Springer-Verlag.

E. Letterer

Morphologische Äquivalentbilder immunologischer Vorgänge im Organismus

Sitzungsberichte der Heidelberger Akademie der Wissenschaften
Mathematisch-naturwissenschaftliche Klasse
Jahrgang 1971, 1. Abhandlung

(Vorgelegt in der Sitzung vom 11. Juli 1970 durch W. Doerr)

Springer-Verlag Berlin Heidelberg GmbH 1971

ISBN 978-3-540-05350-7   ISBN 978-3-662-08862-3 (eBook)
DOI 10.1007/978-3-662-08862-3

Universitätsdruckerei H. Stürtz AG, Würzburg

Morphologische Äquivalentbilder
immunologischer Vorgänge
im Organismus* **

E. Letterer

Universität von Navarra Pamplona, Departamento
de Inmunologia y Patologia experimental

Mit 16 Abbildungen

I.

Der Herr Secretar unserer Akademie hatte die Liebenswürdigkeit, mich
zu einem Vortrag bei der heutigen Gesamtsitzung in Freiburg aufzufordern.
Ich bin diesem Antrag, für den ich verbindlichen Dank sage, gerne ent-
gegengekommen, da ich schon seit meiner Wahl zum ordentlichen Mitglied
der Akademie die Verpflichtung empfinde, mit einem Vortrag zu den Sitzun-
gen beizutragen, woran mich aber meine Tätigkeit an der Universität
Pamplona nach meiner Emeritierung in Tübingen lange Zeit hinderte. Den-
noch haben mich gewisse Bedenken bewegt, denn obleich das Thema der
Immunität, das von einer nicht bestreitbaren Aktualität ist, in aller Munde
sich findet, so ist doch ersichtlich, daß Sinn- und Wesensgehalt für einen
Kreis so heterogener Disziplinen, in dem wir heute uns befinden, nicht so
einfach mit einigem Gewinn gegenseitigen Verstehens darzustellen ist;
noch liegen die Grenzen des Gesamtgebietes in einem unscharf sich ab-
zeichnenden Horizont, eine nahezu rasant vorandrängende, durchaus
variable Forschung bringt täglich neue Fakten, und die anwendende Praxis
steht mit offenen Händen bereit, um kaum ausgereifte Erkenntnisse zu
weiterer Auswertung an sich zu ziehen. Ein Blick auf die Probleme der
modernen Transplantationslehre, um ein sehr aktuelles Beispiel zu nennen,
gibt zu erkennen, wie weit der interdisziplinäre Bogen des Themas gespannt
ist, und selbst der Laie von heute weiß, daß das Kapitel der Transplantation
auf allen Gebieten des Seins und Forschens eine Repräsentation findet,
welche sich nicht erschöpft in der technischen Chirurgie der Ausführung
einer Organübertragung und den genetischen Problemen von Spender und
Empfänger oder in der therapeutischen und prohibitiven Chemie der Immun-
suppression, sondern hinüberschwingt zu den juristischen Fragen des Selbst-
bestimmungs- und des körperlichen Eigentumsrechtes oder der korrekten

---

* Nach einem Vortrag in der Gesamtsitzung der Akademie in Frei-
burg i. Br. am 6. Juni 1970.

** Aus dem Departamento de Inmunologia y Patologia experimental
Facultad de Medicina Univ. de Navarra. Pamplona (Spanien). Dir: Prof.
Dr. Dr. med. h.c. Erich Letterer.

Bestimmung des Todeszeitpunktes des Spenders, um schließlich in Fragen nach Wesen und Sein des Menschen im Lichte der Anthropologie, Soziologie, Philosophie und Theologie zu enden.

Angesichts solcher Belange, welche mit dem Zauberwort „Immunologie" angesprochen werden, erschien für den Redner des heutigen Tages die strenge Selbstbeschränkung auf sein eigentliches Gebiet angezeigt, womit sich für den Morphologen, der ich bin, von selbst die Frage nach den *Morphologischen Äquivalentbildern immunologischer Vorgänge im Organismus* als Thema ergab; das soll heißen, wie weit man mit dem Auge und unterstützt durch die für diese Untersuchungen zugezogenen Hilfsmittel wie Licht- und Elektronenmikroskop und zielgerechten chemisch-tinktoriellen Methoden diese Vorgänge morphologisch objektivieren kann. Wir werden erkennen, daß das nicht ganz wenig und keineswegs unbefriedigend bleibt und daß wir neben der deskriptiven statischen Strukturforschung eine betont funktionelle, dynamische Morphologie betreiben, in der wir gestaltliche Erscheinungsbilder nach ihrer Bedeutung befragend, zum Verständnis und morphischer Interpretation der Vorgänge selbst vordringen; um es noch in anderer Form zu sagen, vom *Tò ἔστιν* zum *Tò ἐστίν* zu kommen, vom „das ist" der morphologischen Statik zum „das bedeutet" der morphischen Dynamik.

II.

Unsere erste und Hauptfrage soll zunächst die nach der morphologischen Manifestation im Beginn von Immunvorgängen sein.

Wenn ein körperfremder Stoff vom Charakter eines Proteins oder Polysaccharides oder eine lebende oder tote Mikrobe parenteral, also unter Umgehung des Magen-Darm-Kanals unmittelbar den Weg in den Organismus findet, wird der sonst übliche, durch die Darmepithelien und ihre Enzyme getätigte Abbau bis zu den primitiven Grundstoffen auf anderem Weg geleistet.

Wie sieht dieser Weg aus, und was geschieht mit dem parenteral einverleibten, Antigen genannten Stoff? 1901 hat Elias Metschnikoff als einer der ersten sein Interesse dem Studium des Infektes und dem Verbleib antigener infektionstüchtiger Stoffe im Körper gewidmet und vergleichend das Schicksal von Bakterien und von nicht antigenfähigen anorganischen Partikeln untersucht. Es fand sich, daß beide von mesenchymalen Zellen aufgenommen werden durch einen Vorgang, der *Phagocytose* genannt wird und dessen vollführende Zellen *Makrophagen* oder *Phagocyten* heißen, welche den primitiven Bindegewebszellen angehören. Zu ihnen gehören auch Capillarinnen- und -außenwandzellen, festsitzende und wanderungsfähige, ferner sog. retikuläre und histiocytäre Zellen der lockeren Bindegewebsnetze, welche wir, durch viele experimentelle Untersuchungen belehrt, als funktionell zusammengehörig ansehen müssen und deren Zusammengehörigkeit erstmals hier in Freiburg von Aschoff und Landau erkannt und als reticuloendotheliales oder als histiocytäres System beschrieben wurden.

Der *funktionierende Makrophag* ist also eine Zelle, die sich aus anderen Zellen verschiedenartiger Formgebung entwickelt. *Phagocytose* läßt sich licht- und elektronenmikroskopisch verfolgen, das Teilchen haftet an der Zelloberflächenmembran, diese bildet eine Einstülpung nach innen und umschließt das Teilchen unter Entstehung einer kleinen Vacuole, die im zweiten Akt unter Ablösung der Vacuole mit ihrem Inhalt von der Innenseite der Oberflächenmembran ins Zellinnere geschleust wird. Auf gleiche Weise können auch feindisperse Kolloide zusammen mit ihrer wäßrigen Phase von den Makrophagen aufgenommen und ins Zellinnere gebracht werden. Diesen Vorgang der Aufnahme von Flüssigkeitstropfen nennen wir *Pinocytose*, den der Ablagerung feindisperser Stoffe in der Zelle selbst *Speicherung*, wobei das Lösungswasser sekundär wieder abgegeben wird und der Stoff als Substanz allein zur Ablagerung kommt.

Der intracelluläre Abbau in den kleinen Resorptionsvacuolen geschieht auf enzymatischem Weg, wofür die in den Lysosomen, den kleinen Stoffwechselzentren der Zellen, lokalisierten Enzyme bereit stehen. Körpereigenes Material wird auf diese Weise vollkommen abgebaut werden. Körperfremde organische und immunogene Stoffe unterliegen einem nur partiellen Abbau bis zu Molekülaggregaten, die wir als *determinante Gruppen* oder als das *Hapten* des Immunogens bezeichnen, von denen viele in einem Molekül vorhanden sein können und welche die eigentliche Grundlage der Antigenität sind. Für jede determinante Gruppe entsteht dann ein zu ihr komplementärer spezifischer Antikörper.

Morphologisch läßt sich die Phagocytose und der Abbau grobcorpusculärer Stoffe, wie Erythrocyten, leicht fassen. In die Blutbahn verbrachte Kulturen von Streptokokken werden von Gefäßwandendothelien phagocytiert (Abb. 1), kolloidale Kohle als Tusche wird in den weiten Räumen der Blutsinus der Milz und

Leber abgefangen und von den Endothel- und Reticulumzellen aufgenommen.

Schwieriger ist der Nachweis eines parenteral verabreichten immunogenen Proteins. Von der Teilchengröße abgesehen, die bei Kolloiden mit dem Lichtmikroskop nicht mehr zu erfassen ist, lassen sich mit den üblichen Methoden Eiweißstoffe auch nicht anfärben. Immerhin gelingt es mit sehr starken Farben, ein Protein so zu markieren, daß sein Nachweis in den Sinus der Lymphknoten möglich wird. Aber die intracelluläre Desintegration des

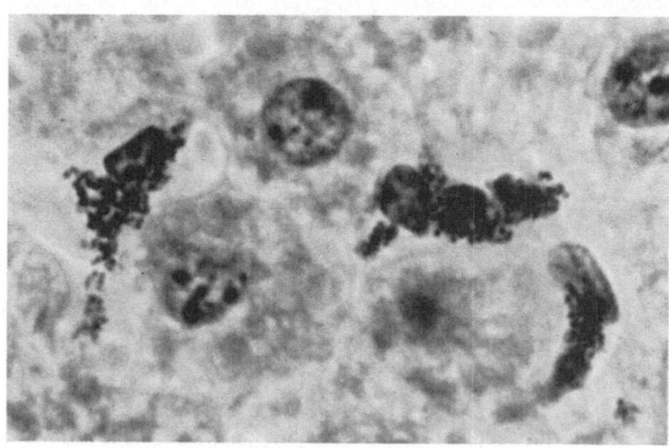

Abb. 1. Phagocytose von Streptokokken in Kupfferschen Sternzellen einer Mäuseleber, wenige Minuten nach i.v.-Injektion einer Streptokokkenkultur. Vergr. 1:1200. (Aus: Letterer, Allgemeine Pathologie, Abb. 46. Stuttgart: Thieme 1959)

Proteins führt indes wieder zur Abspaltung größerer Mengen des Farbstoffes und damit zum Verlust einer exakten Lokalisationsmöglichkeit. Für den Morphologen ist dieses Problem höchst wichtig, um Weg und Schicksal eines Immunogens im Organismus verfolgen zu können.

Angesichts solcher Schwierigkeiten war es ein ingeniöser Schritt der beiden Forscher Coons und Kaplan in USA, die Möglichkeit der intermolekularen Markierung eines Proteins durch einen von ihm nicht abzuspaltenden fluorescierenden Farbstoff, dem Fluorescinisothiocynat (Abb. 2), mit einer Immunantikörperbindungsreaktion zu kombinieren, um damit Proteine in der Zelle lokalisieren zu können. Zu dieser Methode gibt es vielfache Variations- und Kombinationsmöglichkeiten, und sie ist für den morphologischen Nachweis sowohl von Antigen als auch von Antikörpern und Komplement verwendbar.

Damit hat sich gezeigt, daß injizierte Antigene nahezu ubiquitär in den Organen verteilt werden und in Leber, Milz, Lunge, in Lymphknoten und Gehirn, im Cytoplasma der Zellen und auch in den Zellkernen sich finden, ohne daß man allen Lokalisationsstellen etwa eine Antikörperbildungspotenz zuschreiben könnte.

Von der Fluorescenzmethode abgesehen, kann das Immunogen radioaktiv gekennzeichnet werden, und ferner läßt sich ein Protein

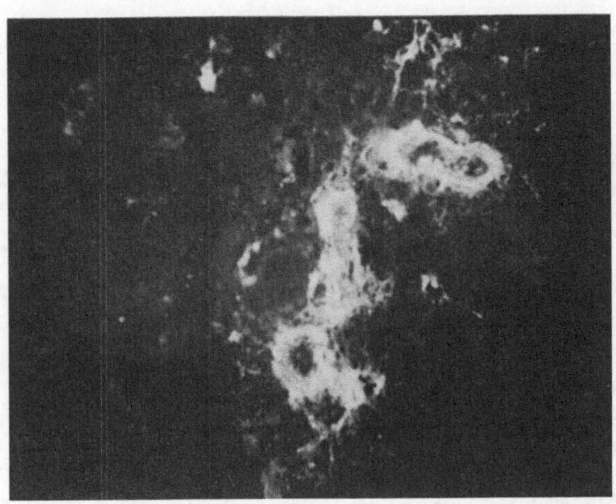

Abb. 2. Nachweis von Antigen-Antikörperkomplexen durch fluorescierendes Antigen im Unterhautbindegewebe eines sensibilisierten Kaninchens. Markierung des Antigens durch Kuppelung an Fluorescinisothiocyanat. Das markierte Antigen verbindet sich mit dem im Gewebe vorhandenen Antikörper zum fluorescierenden Antigen-Antikörperkomplex. Starke Fluorescenz um die Gefäßwände. Aus einem Arthus-Phänomen, erzeugt am Kaninchen nach Sensibilisierung mit Fremdserum

mit einem Eiseneiweißmolekül, dem Ferritin, markieren, und aufgrund seines hohen Eisengehaltes ist es dann sogar elektronenoptisch in den Zellen zu finden. Umgekehrt kann man ein Tier mit Ferritin, das zugleich auch ein Immunogen ist, sensibilisieren und findet dann an den für die Ferritinantikörperbildung zuständigen Stellen, d.h. den Plasmazellen, nach Inkubierung der Schnitte mit Ferritin, den Antigen-Antikörperkomplex, d.h. Ferritin-Antiferritin, elektronenoptisch in den Zellen.

Eine besonders elegante Methode zur morphologischen Darstellung intracellulär gebildeter Antikörper hat sich vor nicht langer Zeit mit der Anwendung der Meerrettichperoxydase ergeben. Diese ist, wie fast alle Enzyme, ein Protein und somit geeignet, Sensibilisierung und Antikörperbildung im Organismus zu bewirken. Die antikörperbildenden Plasmazellen werden im Schnitt zunächst mit dem Antigen der Vorbehandlung, d.h. der Peroxydase inkubiert und der entstandene Antigen-Antikörperkomplex mit der Alpha-Naphtholreaktion geschwärzt (Abb. 3). Damit ge-

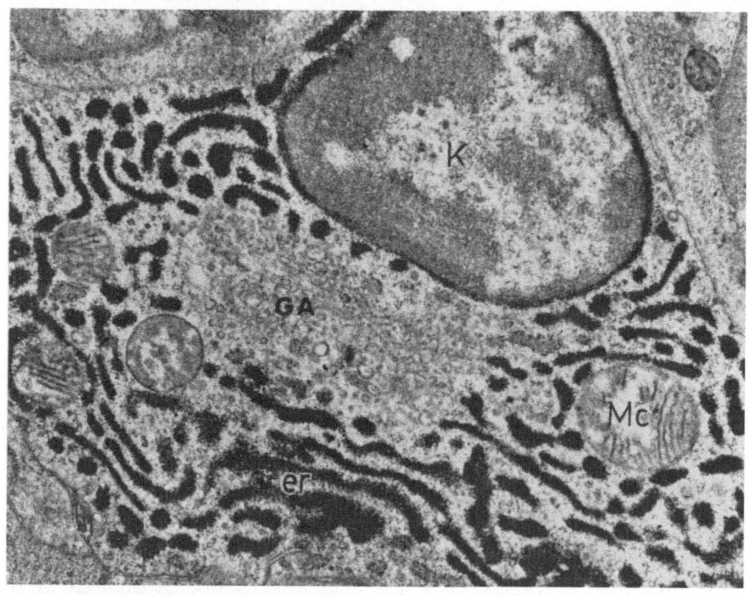

Abb. 3. Histochemischer Nachweis von Antikörpern gegen das Antigen Meerrettichoxydase in einer Plasmazelle. Inkubierung der Schnitte mit Diaminobenzidin und Wasserstoffsuperoxyd (Schwarzfärbung). *Mc* Mitochondrien; *er* endoplasmatisches Reticulum; *K* Kern; *GA* Golgi-Apparat. [Nach E. L. Leduc u. Mitarb.: J. exp. Med. **127**, 109 (1968)]

lingt auch im elektronenoptischen Schnitt die Lokalisierung des Antikörpers innerhalb der Plasmazellen an den Feinstrukturen des endoplasmatischen Reticulums, also im submikroskopischen Milieu.

Es gelingt also mit morphologischer Technik, nicht nur den Weg und das Schicksal eines Antigens im Organismus aufzuspüren, sondern auch eine Ortung von Antikörpern an den Stätten ihrer Bildung zu erreichen.

Während nun organische körpereigene, parenteral liegende Stoffe durch die Zellenzyme der Makrophagen voll aufgeschlossen und ihre Grundstoffe resorbiert oder metabolisiert werden können, werden Fremdantigene nur bis zu der sog. determinanten Gruppe abgebaut. Für den Abbau der determinanten Gruppe, welche den fremden Anteil im Molekül repräsentiert, stehen den Makrophagen nicht die jeweils spezifischen Enzyme zur Verfügung. Hierin aber liegt der entscheidende Unterschied gegenüber dem Abbau arteigener Proteine und organischer Moleküle.

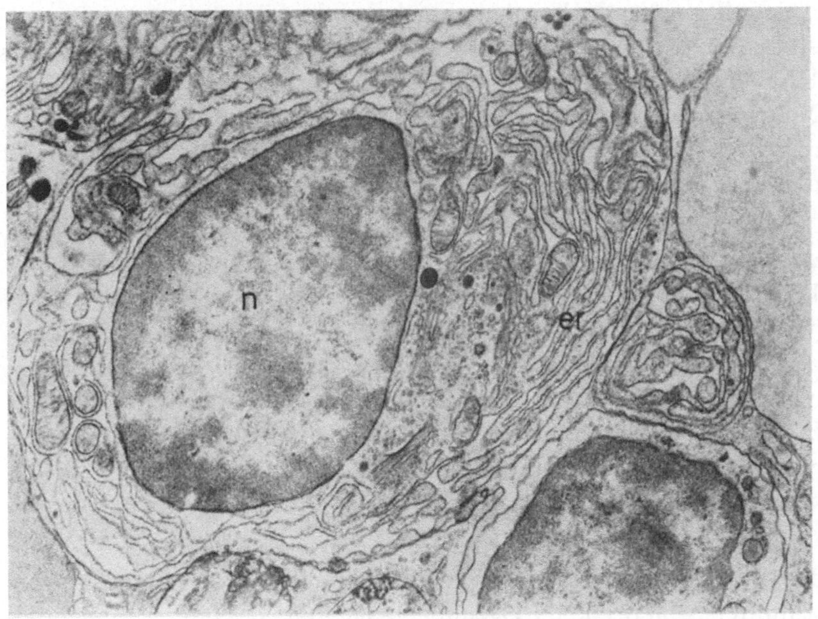

Abb. 4. Elektronenoptische Aufnahme einer Gewebsplasmazelle aus der Milz eines mit Protein sensibilisierten Kaninchens. Vergrößerung 4 000fach. *n* Kern; *er* endoplasmatisches Reticulum

Für die Beseitigung der fremden determinanten Gruppen sind, infolge der mangelnden Abbaumöglichkeiten für diese gleichzeitig zwei andere Wege möglich. Der erste über die Bildung spezifischer Globuline, welche gebildet von Plasmazellen (Abb. 4), als sog. freie Serumantikörper in Blut und Lymphe kreisen, der zweite durch einen völlig anderen Mechanismus, dem der Proliferation von spezifisch differenzierten Lymphocytenrassen, den Immunzellen. Es ist im

Augenblick nicht vollkommen sicher, ob nach dem Abbau des phagocytierten Antigens in den funktionellen Makrophagen auch schon Antikörper gebildet werden. Die Vorbereitung zur Antikörperbildung, d.h. der Abbau des Antigens bis zur determinanten Gruppe und die Bindung derselben an die Ribonucleinsäure der Zellen sind gesichert.

Der stoffliche Weg vom abbauenden funktionellen Makrophagen zur effektiven globulinantikörperbildenden oder sich zur Immunzelle differenzierenden Zelle wird mit Hilfe einer Mittlersubstanz praktiziert, indem die eben genannte Ribonucleinsäure des funktionellen Makrophagen sich mit dem determinanten Fremdstoffrest, der Haptengruppe des Antigens, verbindet und als RNS-Haptenkomplex oder auch Messenger-RNS genannt, den Makrophagen verläßt und — der Transportweg ist unsicher — an die Proplasmazellen und Proimmunlymphocyten herantritt und diese zur Bildung von Antikörpern induziert.

Die sog. Immunzellen stammen, soweit besteht heute Einigkeit, von den kleinen Lymphocyten ab und repräsentieren neben den Plasmazellen den zweiten — oder angesichts der Tatsache, daß sie die phylogenetisch älteren sind — den ersten Typ der Fremdstoffbeseitigung aus dem Organismus. Ich sage hier mit Bewußtsein nicht „Abwehr" und befinde mich in Übereinstimmung mit Pierre Grabar, der die Globuline als Komplementärstoffe zu gewissen, einem völligen Abbau nicht zuführbaren Fremdstoffen betrachtet, die mit Hilfe der Globuline eliminiert werden können.

Die Immunzellen — heute das am meisten diskutierte Problem der funktionell-morphologischen Immunologie — stehen in bestimmten genetischen Beziehungen zu den Thymuslymphocyten, auf die wir hier der Zeit wegen nicht eingehen können. Sie sind gegenüber den humoralen Antikörpern ein auf *Zellfunktion* sich gründender Beseitungstyp für Fremdmaterial, womit, wie auch bei anderen biologischen Vorgängen, z.B. der Entzündung, ein Zweiwegesystem: „Zellverdauung—Humoralverdauung" offenbar wird.

So wie wir die genannten beiden Phänomene im Ablauf des Entzündungsvorganges vereint finden, so finden wir sie auch auf dem Gebiet wieder, das heute unter dem Begriff „Abwehr und Immunität" kategorisiert wird. Dort spricht Rössle von Saft- und Zellverdauung, Albert Dietrich von Resorption, Digestion und Remotion.

Meine Damen und Herren! Ich füge hier eine begriffliche Bemerkung ein: Die Bezeichnung „Antikörper als ein Reaktionsprodukt des Organismus", welches zum „Schutz" gegenüber bösen Erregern und üblen Giften gebildet wird, um den Organismus vor ihren schädlichen Wirkungen zu bewahren, ist viel mehr in der Vorstellung teleologisch gestimmter Forscher und Ärzte, als im wirklichen Tatsachengehalt verankert. A priori ist die Benennung

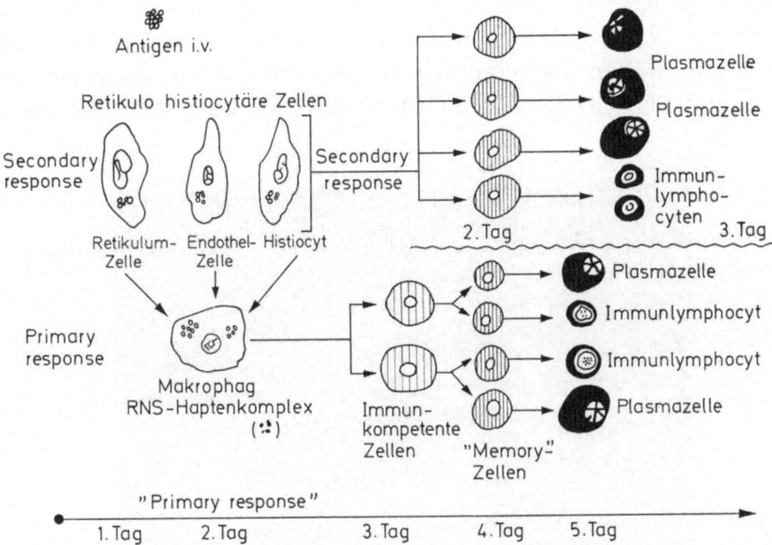

Abb. 5. Versuch einer schematischen Darstellung der einzelnen Phasen der Antikörperbildung nach i.v.-Antigenverabreichung. Das Antigen wird in Reticulumzellen, Endothelzellen und Histiocyten phagocytiert. Damit werden diese zu „funktionellen Makrophagen" und bereiten aus dem Antigen einen RNS-Hapten-Komplex. Wahrscheinlich produziert der Makrophag auch geringe erste Antikörpermengen. Der RNS-Hapten-Komplex wird an die antikörperbildenden Zellen weitergegeben (sog. immunkompetente Zellen; 3. Tag). Beginn der Antikörperbildung am 4. Tag. Am 5. Tag Differenzierung der Plasmazellen und Immunlymphocyten. Die Gesamtphase heißt „primary response". In der Phase der sog. „secondary response", nach einer wiederholten Antigengabe, kommt es zur Verkürzung der Zeit für die Antikörperbildung und gleichzeitig damit zur Steigerung der Menge der Antikörper. Das Antigen wird unmittelbar in die Memory-Zellen aufgenommen. Dort ist die „Matrize" für die spezifische Antikörperbildung vorhanden, infolgedessen setzt dieselbe früher ein als in der „primary response". Aber auch die Formel der „primary response" bleibt nach einer zweiten Antigengabe noch aktuell, beide Formeln ergänzen sich gegenseitig zu verstärkter Antikörperbildung. Das Schema zeigt die Bildung von Immunzellen in der ersten Phase der „primary response" und vermehrte Plasmazellbildung (zirkulierende Akk) in der „secondary response"

eines Phänomens, sofern diese nicht rein deskriptiv bleibt — was bekanntlich auch erkenntnistheoretisch nicht einfach ist — oft mit einer bestimmten Sinngebung verbunden, aber es ist fraglich, ob diese Benennung immer dem Wesen des Phänomens voll entspricht.

Einige Immunzellengruppen verbleiben auf dem Stadium der sog. Memory-Zellen sozusagen im Wartestand; sie sind sensibilisiert, produzieren aber vorerst keine Immunglobuline. Von den Memory-Zellen, von denen allerdings nicht sehr viel mehr bekannt ist als der Name, geht nach der Wiederholung einer Antigengabe schon am zweiten Tag eine viel größere Zahl von Immunlymphocyten und Plasmazellen in der Phase des zweiten Sensibilisierungs-

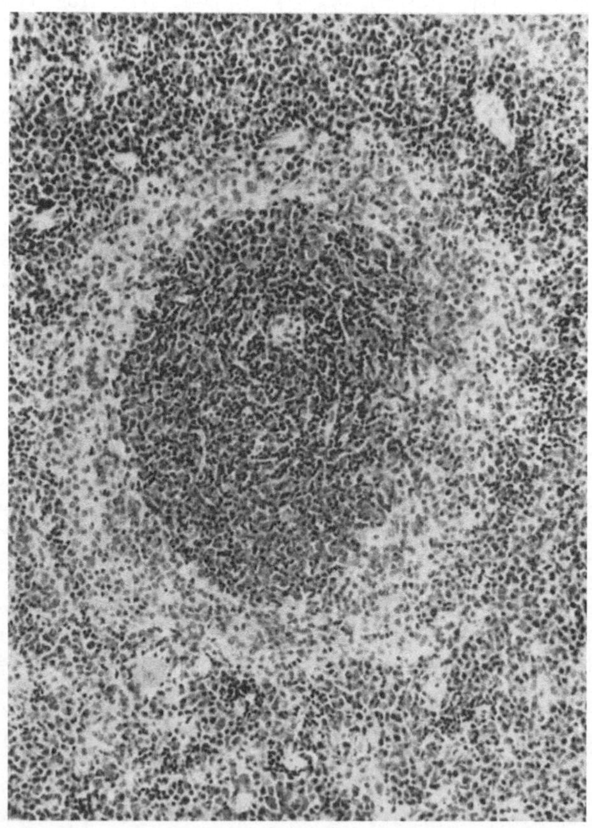

Abb. 6. Aufhellung (Halobildung) der perifollikulären Zone eines Follikels in der Milz nach Antigeninjektion (Casein). (Aus: Letterer, l.c., S. 37)

aktes aus, der sog. *secondary response*, als in der Phase des ersten, der *primary response* (Abb. 5).

Verfolgt man nun Struktur und celluläre Zusammensetzung von Milz und Lymphknoten nach einer Antigengabe am Ende der primary und in den ersten Tagen der secondary response, so fällt auf, daß sich um die Milzfollikel eine sehr lockere Aufhellungszone gebildet hat, mit großen hellkernigen Zellen, welche zwischen die Milzpulpa und die Follikel, d.h. zwischen Zellgewebe der Milz und ihre Lymphknötchen eine breite und helle Zone einschaltet. Wir nennen das Halobildung (Abb. 6). Dazu tritt sehr bald, und in gewisser Abhängigkeit von der Antigenart, in anderen Milzbezirken eine deutliche Proliferation von Zellen, die wir Plasmoblasten oder auch Germinoblasten nennen. Diese sind Vorstufen von Plasmazellen, die in der kurzen Zeit von ein bis zwei Tagen in den periarteriolären Lymphräumen der Milzpulpa als mehr oder weniger breite Zellmäntel sich bilden (Abb. 7). Diese Zellen haben die

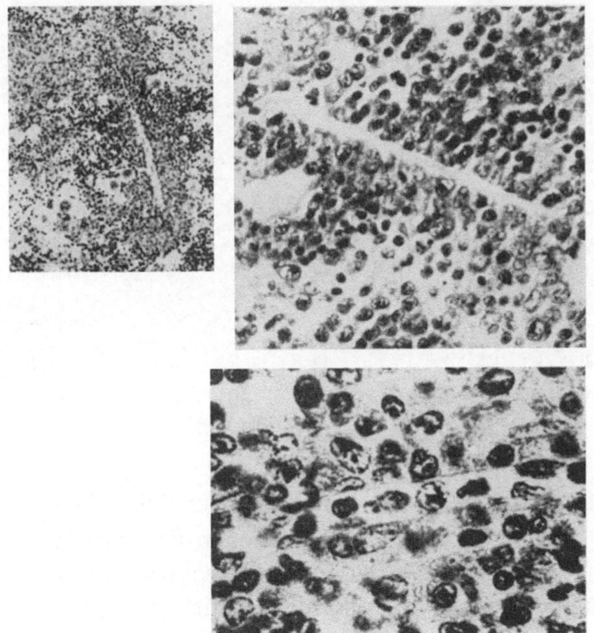

Abb. 7. Plasmoblastenbildung in der periarteriolären Zone nach Antigengabe (25 mg Albumin vor 7 Tagen). Gleiche Stelle in drei verschiedenen Vergrößerungen (photomontierte Abbildung unter Benutzung der Bilder S. 38 und 39 aus Letterer, l.c.)

Tendenz, von ihrer primären Brutstelle auszuschwärmen und gelangen in die nahegelegenen Milzfollikel und über den Lymphstrom in die Lymphknoten der Peripherie. Dadurch werden auch dort zahlreiche Blastenzellen gebildet, welche die Information zur Proliferation von diesen eingewanderten Blasten übernehmen. Daraufhin entstehen im Milzfollikel relativ große, sog. sekundäre Keimzentren (Abb. 8), die wiederum aus Blasten bestehen. Eine dichte, mit Pyronin färbbare Granulierung (Abb. 9) im Cytoplasma dieser Blasten gilt als morphisches Äquivalent für die Antikörperbildung. Schließlich kann man darüber hinaus im ge-

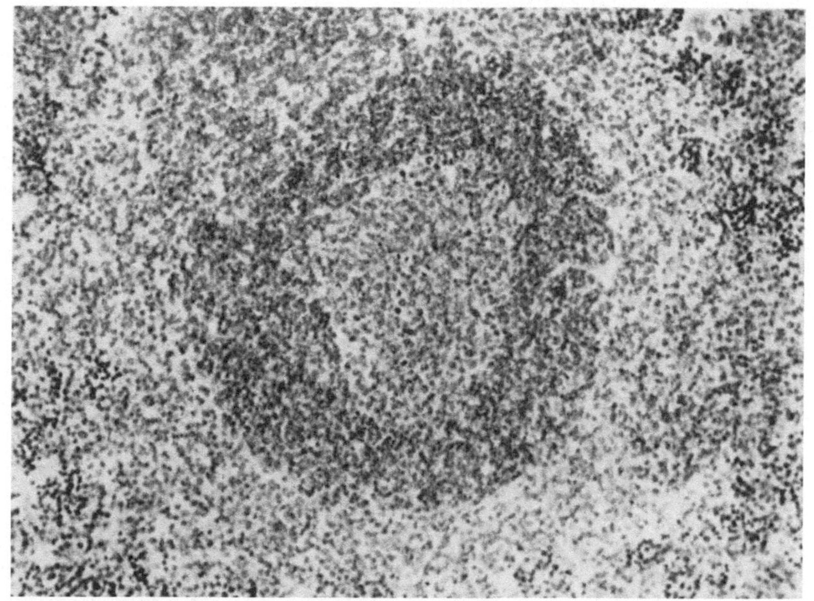

Abb. 8. Plasmoblastenproliferation im Follikelzentrum eines Milzfollikels. (Letterer l.c., S. 40)

samten Milzzellgewebe das Aufsprießen zahlreicher Blastenfamilien, sog. *Clone* (Abb. 10) mit den gleichen Eigenschaften finden.

Die Ausreifung von großem Lymphocyten zur reifen Plasmazelle verläuft in etwa 96 Std, und natürlich verläuft ihre Zweiteilung und zahlenmäßige Vermehrung im Quadrat. Nach biologischen Gesetzen der Zellteilung und Zelldifferenzierung hört aber die Teilung auf, wenn der Gipfel der Differenzierung erreicht ist. Zu diesem Zeitpunkt stirbt die Zelle.

In den Lymphknoten laufen grundsätzlich dieselben Proliferationsvorgänge ab.

Die frühere Meinung, daß Plasmazellbildung und zirkulierende Antikörper einerseits und Immunzellbildung andererseits den Bedingungen des Entweder-Oder folgen, mußte aufgegeben werden. Der gleiche Antigenreiz, der zur Plasmazellbildung führt, veranlaßt simultan die Bildung von *Immunzellen*, wenngleich quantitative und zeitliche Differenzen bestehen. Aus den retikulären Vorstufen der Lymphocyten gehen die immunkompetenten Zellen hervor und wandeln sich über den Weg der DNS- und RNS-Synthese in die fertigen Immunzellen um. Sie verlassen als sensibilisierte Lymphocyten ihre Bildungsstätten und wandern auf dem

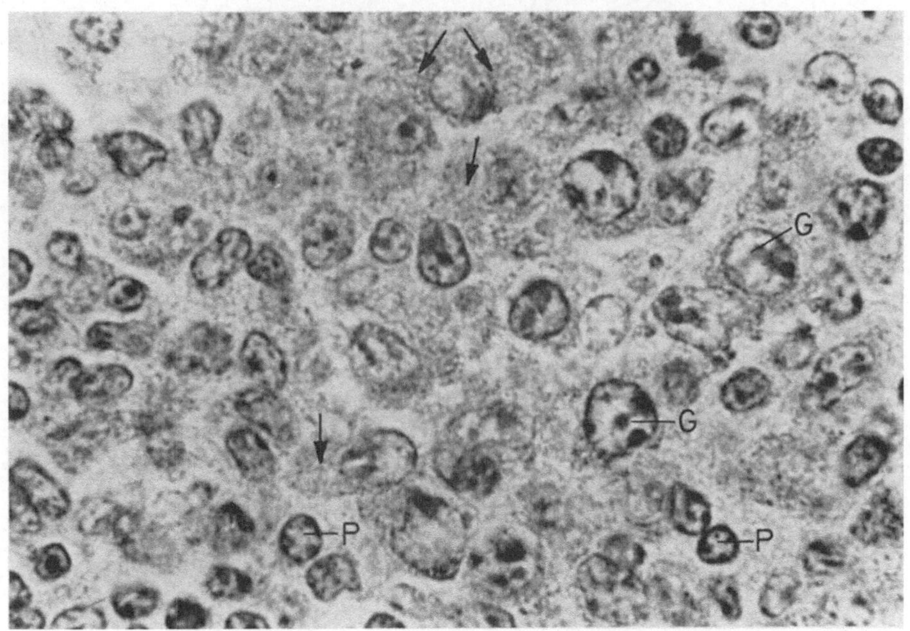

Abb. 9. Keimzentrum in einem Milzfollikel nach Antigengabe. Proliferierte Germinoblasten und Plasmazellen. (Maus viermal sensibilisiert mit 0,25 mg Albumin.) Die großen hellkernigen Zellen sind Plasmoblasten *G* (Germinoblasten). Die kleineren dunklen sind reife Plasmazellen *P* (Methylgrün-pyroninfärbung), (aus: Letterer, l.c., S. 42). Große helle Kerne, stark gefärbte Nucleolen, großer Cytoplasmakörper. Im Cytoplasma erscheinen mit Methylgrünpyroninfärbung dicht stehende rote RNS-Granula. ↓ Diese sind im Schwarz-Weiß-Photo als relativ grobkörnige hellgraue Granulierung gut zu erkennen. Dient als morphisches Äquivalent für Antikörperbildung durch Germinoblasten und Plasmazellen. Vergrößerung ca. 1000fach

Blut- und Lymphweg in andere Gewebsregionen ein. Dort verharren sie als determinierte Zellen mit der Potenz zur Bildung von weiteren Immunzellen, in Parallele zu den Memory-Zellen. Das Äquivalent dieser Immunpotenz nennt man „Receptor" für das Antigen und nicht mehr wie früher „zellständiger Antikörper". Auch diese Receptoren sind in der Zelle mit der Immunfluorescenztechnik nachweisbar.

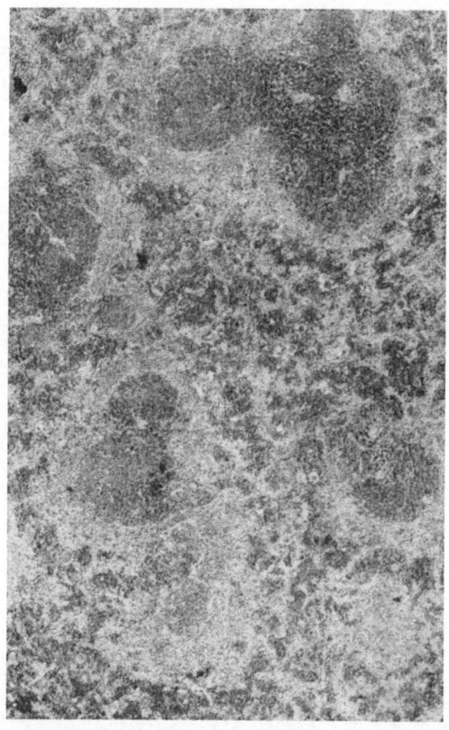

Abb. 10. Clonbildung aus Germinoblasten in der Pulpa der Milz. Zahlreiche Clone in der interfollikulären Pulpa. Diese erscheinen als unregelmäßig verteilte herdförmige neue Zellpopulationen. Zugleich sind sie das Äquivalent für die Hyperplasie der Milz. (Aus: Letterer, l.c., S. 43)

Das folgende Bild (Abb. 11) zeigt Ihnen Blutlymphocyten eines Menschen nach Insulinbehandlung. Dabei kreisen nach einiger Zeit im Blut sensibilisierte Lymphocyten als Immunzellen, auf deren Receptoren durch Bebrütung mit dem fluorescierend gemachten Insulinantigen sich der sessile Antikörper nachweisen läßt.

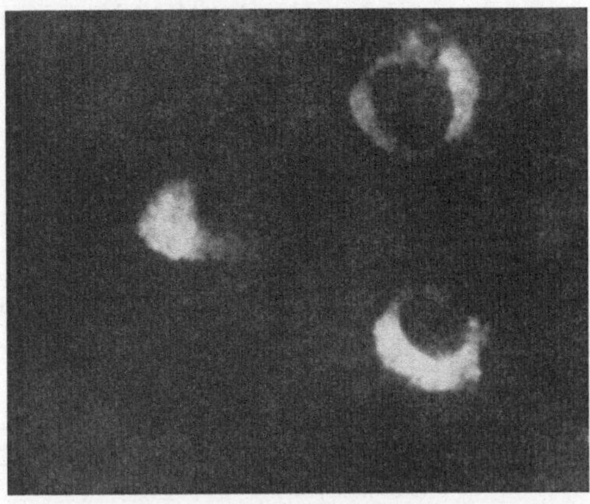

Abb. 11. Fluorescierende Lymphocyten als Immunzellen. Blutlymphocyten des Menschen nach Insulinbehandlung. Sensibilisierte Lymphocyten mit Receptoren für das Antigen. Nach Inkubation mit dem spezifischen fluorescierenden Antigen. Deutliche Fluorescenz im Cytoplasma der Lymphocyten. Vergrößerung 350fach (Präp. Dr. Federlin-Ulm). (Aus: Letterer, l.c., S. 51)

III.

Meine Damen und Herren! Nach diesem mehr oder weniger kursorischen Gang durch die gestaltlichen Erscheinungen der Antigenresorption und der Antikörperbildung liegt es nahe zu fragen, ob denn die Immunität im Sinne eines erreichten Vollschutzes ebenfalls ein morphisches Äquivalent hat. Die Frage ist leichter zu stellen als zu beantworten. Man kann so viel sagen, daß der stabilisierte Immunzustand an Zellen, Geweben und Gesamtorganismus kein morphisches Äquivalent besitzt, aus dem auf seine Existenz zu schließen wäre. Man kann lediglich die Existenz von Antikörpern in Zellen und Geweben und auch im Blutserum nachweisen. Aber wir können bis zum Augenblick, aus der Schwierigkeit der Umstände heraus, nicht oder noch nicht sagen, welche morphischen Veränderungen im Organismus und seinen Geweben vor allem mikroskopisch vor sich gehen bei einem Menschen, der z.B. mit einer Typhusvaccine voll immunisiert ist und dessen Organismus mit einer durch diese Bacillen kontanimierten Nahrung erneut in Berührung kommt. Vor allem wird die Phagocytose der eingedrungenen Erreger bis zu deren endgültiger Vernichtung in den lymphatischen Organen und in der Milz eine große Beschleunigung und damit einen gegen Erkrankung schützenden

Effekt haben, aber das verbleibt im Bereich des rein Funktionellen. Wahrscheinlich verhält sich die auf humorale freie Antikörper und die auf Immunzellenbildung gegründete Immunität verschiedenartig, und man muß schließlich doch sagen, daß die voll entwickelte Immunität im Sinne eines perfekten Schutzes im Organismus *kein* morphologisch erfaßbares Gesicht mehr hat.

Wesentlich mehr erfahren wir, wenn wir die Auseinandersetzungen zwischen Antigen und Antikörper im Stadium der noch nicht stabilisierten, nur relativen Immunität betrachten.

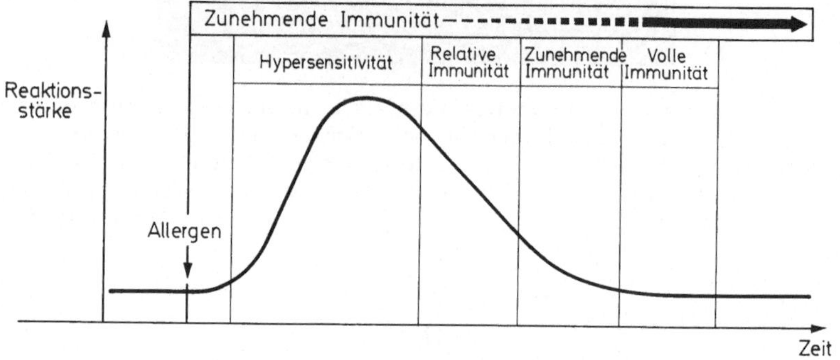

Abb. 12. Verlauf einer Sensibilisierungskurve. Reaktionsformen gegenüber dem Anliegen auf dem Weg zur Immunität

Nach der Einbringung eines Antigens entwickelt sich als erstes ein Zustand der erhöhten Empfindlichkeit, den man *Hypersensitivität* nennt, oder schlechthin als *Allergie* bezeichnet, und in diesem Stadium sind auch die Auseinandersetzungen und ihre morphologischen Folgen für Zellen und Gewebe besonders heftig.

Ich zeige Ihnen eine stark schematisierte Aufstellung in Kurvenform, über den Verlauf einer Sensibilisierung und die Reaktionsformen gegenüber einem Antigen auf dem Wege zur Immunität (Abb. 12).

Bringt man einen im Stadium der Sensibilisierung und Überempfindlichkeit befindlichen Organismus durch Injektion einer nur geringen Menge des Antigens der Vorbehandlung in die Haut in die Situation, sich mit diesem erneut auseinanderzusetzen, so entsteht ein schweres Überempfindlichkeitssyndrom, das wir nach seinem Entdecker als *Arthus-Phänomen* bezeichnen (Abb. 13). Wir kennen die Dynamik des Arthus-Phänomens relativ gut. Wegen der Schnelligkeit ihres Eintrittes heißt sie *Frühreaktion* und im Hinblick darauf, daß im Gewebe die Endstrombahnen der Blutgefässe das eigentlich reagierende Substrat sind, sprechen wir von

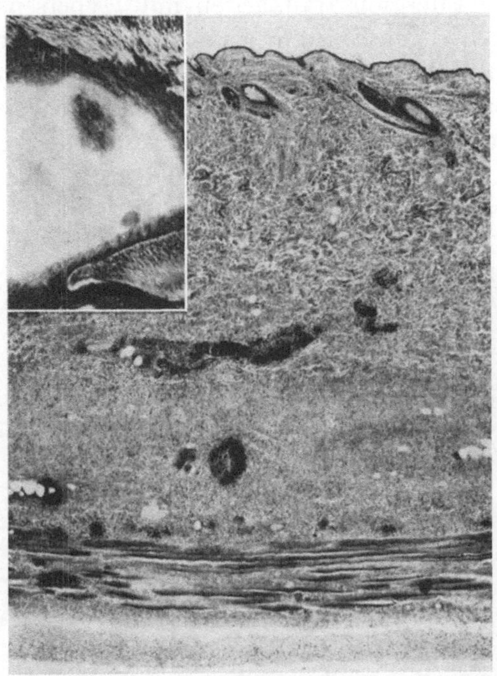

Abb. 13. Arthus-Reaktion an der Haut eines Kaninchens, sensibilisiert mit Pferdeserum, Reinjektion nach einem Monat mit 0,2 intracutan verabfolgtem Antigen. Der eingegrenzte Bezirk in der Ecke ist das makroskopische Bild des Phänomens. Im Corium starke ödematöse Durchtränkung, in tieferen Schichten Venenthromben, ausgedehnte Hämorrhagien und Ödeme sowie entzündliche leukocytäre Durchsetzung

vasculärer Reaktion. Es kommt zu schweren Kreislaufstörungen in der Endstrombahn der Blutgefäße, mit der Folge stark exsudativer Entzündung und leukocytärer Zellinfiltratbildung. Es entstehen zwischen ihm und den dort in den Gewebesäften vorhandenen freien Serumantikörpern sog. *Komplexe* aus *Antikörper* und *Antigen*, welche mit einem im Serum vorhandenen weiteren Stoff, dem *Komplement,* sich verbinden. Dieses Konglomerat von Stoffen aus Ätikörper, Antigen und Komplement ruft in den Endstrombahnen der Gefäße die genannte Kreislaufstörung hervor.

Wir wollen dabei nicht vergessen, daß das Arthus Phänomen in der vorgetragenen Form ein durchaus künstlich erzeugter Zustand

ist, daß aber bei menschlichen Infektionskrankheiten und Immuno-
pathien grundsätzlich gleichartige Entstehungsmechanismen vor-
liegen, wenngleich dynamisch, quantitativ und qualitativ variiert
und daß viele Infektionskrankheiten mit Hypersensitivitätsreak-
tionen verlaufen, deren Existenz dann auch den klinischen Sympto-
men der Krankheiten äquivalent ist.

Die Morphe der Reaktionsbilder ist je nach der Phase der
Sensibilisierung verschieden, und Stärke und Signifikanz der
Reaktionen nehmen von der anfänglichen Überempfindlichkeit
bis zur Reaktionslosigkeit ab.

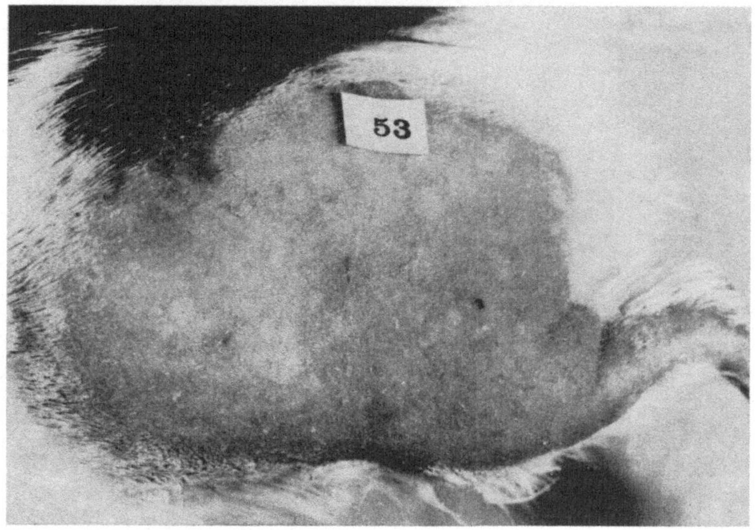

Abb. 14. Sogenannte Spätreaktion (celluläre Reaktion) an der Haut des
Meerschweinchens. 24 Std nach Arthus-Reaktion entsteht die Spätreaktion
mit rosaroter Hauthyperämie. (Aus: Letterer, l.c., S. 91)

Spielen nun Immunzellen als Träger von Antikörperpotenzen
eine Rolle, so entsteht unter den gleichen Umständen eine als
Spätreaktion bezeichnete Erscheinung (Abb. 14), bei der im Reak-
tionsherd keine oder kaum wahrzunehmende exsudativ entzünd-
liche Vorgänge auftreten, jedoch eine starke frische Proliferation
von Zellen (Abb. 15), denen wir die Potenz zu neuer Immunzellen-
bildung zugestehen und bei denen im Gegensatz zum Arthus-
Phänomen keine Leukocyten im Reaktionsherd zu finden sind.
Aber die Irritation der Gefäße ist trotzdem unübersehbar und ist

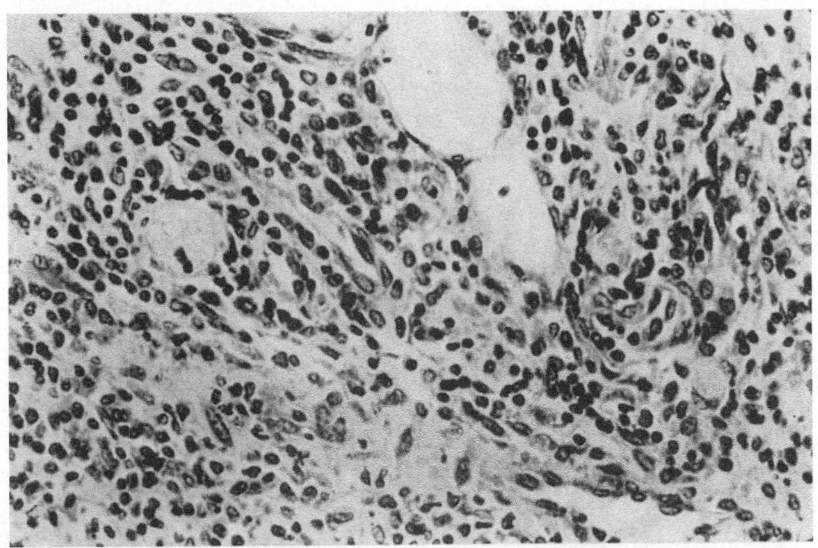

Abb. 15. Histologisches Bild der Spätreaktion (celluläre Reaktion) Histio-
lymphocytäre und plasmacelluläre Infiltration; keine Leukocyten. (Aus:
Letterer, l.c., S. 92)

der Grund, weshalb die Spätreaktion makroskopisch mit starker
Rötung und unter Umständen kleinen punktförmigen Blutungen
einhergeht.

IV.

Immunreaktionen zwischen Antigen und Antikörpern können
nun ein dreifaches Substrat haben: Gesamtorganismus, Gewebe
und Zellen; jedes für sich ist in der Lage, *allein* auf die ihm ent-
sprechend seiner Struktur zukommende Weise auf eine Antigen-
Antikörperreaktion zu reagieren. Die signifikanten Sturkturen-
und Reaktionsbasen sind für den *Organismus* seine Organsysteme,
die Reaktionsform ist der anaphylaktische Schock; ein vorwiegend
funktionelles Geschehen ohne viel morphologische Substrate. Die
Gewebe haben ihre signifikanten Strukturen in den Gefäßen bzw.
den Endstrombahnen. Die *Zellen* haben in ihrer Oberflächen-
membran und den strukturgleichen Membranen der Zellorganellen,
d.h. der Lysosomen und Mitochondrien ihres Cytoplasmas die
spezifische Struktur für die Reaktion. Dort spielen sich die Anti-
gen-Antikörperreaktionen ab; die Receptoren der Zelle fixieren
das erneut auftretende Antigen, womit es wieder zu einer Akti-

vierung des oben beim Arthus Phänomen schon genannten Komplementes mit seinen lytischen Eigenschaften kommt. Die Folgen für die Zellen sind deletär. Die Membran wird durchlässig, durch Abstrom von Kaliumionen und Einstrom von Natriumionen kommt es zu einer Disäquilibrierung der Gleichgewichte in der Zelle und zu ihrem Tod (Abb. 16).

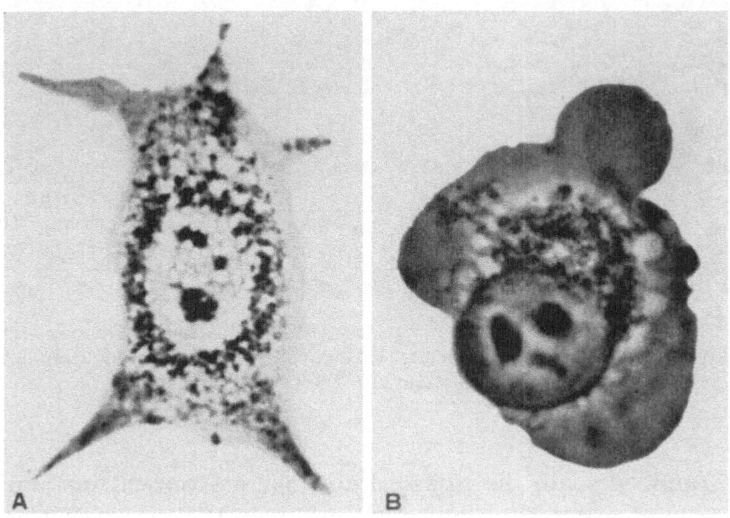

Abb. 16. Phasenkontrastbild zweier Fibroblasten der Maus. A Nach Einwirkung von Maus-Anti-Kalbserum: unverändert. B Nach Maus-Anti-Fibroblastenserum: Cytoplasmaschrumpfung, Kernschwellung, Cytoplasmavacuolen, Zelltod. [Aus: Taylor and Culling: Lab. Invest. **14**, 181 (1965)]

Meine Damen und Herren! Es liegt nahe, die Fixierung von Komplement an die gebildeten Antigen-Antikörperkomplexe als einen humoralen Verdauungsversuch zu betrachten. In der Lyse der fremden oder unbrauchbar gewordenen Erythrocyten durch Komplement hat er sein ihm zugeordnetes, regelhaftes Beispiel. Über die automatisch bewirkte Aktivierung der lytischen Enzyme des Komplements infolge Auftretens von Antigen-Antikörperkomplexen kommt es zu deren Auswirkung an empfindlichen Zelloberflächenstrukturen von Leukocyten und Gefäßwandendothelien, zur Aktivierung sog. gefäßaktiver Substanzen, damit aber zur Permeabilitätsstörung der Capillarwände mit der Folge der schon erwähnten Kreislaufstörung. Untersuchungen von Rother in Freiburg haben gezeigt, daß an komplementfreien Tieren kein Arthus Phänomen zu erzeugen ist.

Bei der Betrachtung der Tatsachen aus einer größeren Entfernung vom Objekt und einem damit erweiterten Sichtwinkel und vom Standpunkt der funktionellen Pathobiologie aus, bin ich durchaus geneigt zu sagen, daß das Komplement, dem man die humorale Verdauung von Fremdstoffen zuordnen darf, diese auch am Antigen-Antikörperkomplex effektuiert, weil dessen Oberflächenstrukturen offenbar affine Gruppen für das Komplement haben. Aber primär ist der Antigen-Antikörperkomplex weder zell- noch gewebsfeindlich, er wird es erst durch die Komplementbindung, denn das aktivierte Komplement zerstört in dieser Situation nun eben auch Zellmembranen und wird so zum „Sündenbock" für eine pathogene Antigen-Antikörperreaktion.

So ist die Komplementintervention sozusagen ein Zwischenfall bei ungeeigneter Konstellation der Umstände im Ablauf eines Immunprozesses, — „ein Spiel der Natur" zwischen zwei Ordnungsprinzipien die miteinander konkurrieren.

Auch für die Abstoßung eines Transplantates sind diese Vorgänge die führenden. Die Transplantationsimmunität führt sowohl zur Bildung humoraler Antikörper und zu Immunzellproliferationen. Diese letzteren sind die für die Abstoßung eigentlich Verantwortlichen.

In ein Transplantat wandern die Immunzellen des Wirtes nach einiger Zeit ein und bringen dort als ersten Akt der Abstoßung die mesenchymalen Zellen des Wirtes zur Lyse. Es wird auch Epithel angegriffen, wobei ein ganz eigentümliches Symptom, das der vacuolierenden Degeneration auftritt, in dem Immunocyten in der Form von Histiocyten in Epithelien einwandern und die Zelle in eine langsam lysierende Blase verwandeln.

Meine Damen und Herren! Ich fürchte, daß ich sowohl Ihrer Zeit als auch Ihrer Geduld reichlich viel zugemutet habe. Es war eine Aufgabe besonderer Art in einem wissenschaftlichen Kreis, in dem spezielle Fachkenntnisse naturwissenschaftlicher Art nicht allen Hörern gleichmäßig zur Verfügung stehen, über ein solches Thema zu sprechen. Ich hoffe, daß ich trotzdem einigem Verständnis begegnen durfte und daß Sie ferner ein bißchen von meiner Ansicht mitnehmen möchten, daß die heute in der Immunologie vorwiegend gültigen, ausgesprochen teleologisch-final gefärbten Deutungsweisen der Immunphänomene durch neues unvoreingenommenes Überdenken und durch Schlußfolgerungen, die sich nur auf kausale Zusammenhänge beziehen, die nicht schon a priori durch Begriffe wie „Abwehr" und „Schutzeinrichtung" in ganz bestimmte teleologisch-finalistisch geprägte Richtungen gelenkt sind, einer weiteren, nicht präoccupierten Prüfung unterzogen werden möchten.

Literatur

Übersichten und zusammenfassende Darstellungen

Humphrey, I. H., White, R. G.: Immunology for students, 3rd ed. Oxford, Edinburgh: Blackwell Scientific Publ. 1970.

Letterer, E.: Allgemeine Pathologie — Grundlagen und Probleme. Stuttgart: Thieme 1959.

— Die Morphologie der immunopathischen Reaktionen. In: Büchner, Letterer, Roulet, Handbuch der Allgemeinen Pathologie, Bd. VII/2. Berlin-Heidelberg-New York: Springer 1967.

— Allgemeine morphologische Immunologie. Stuttgart-New York: F. K. Schattauer 1969.

Steffen, C.: Allgemeine und experimentelle Immunologie. Stuttgart: Thieme 1968.

Einzelarbeiten

Arthus, M., Breton, M.: C. R. Soc. Biol. (Paris). **55**, 1478 (1903).

Aschoff, L.: Morphologie des reticulo-endothelialen Systems. In: Schittenhelm, A., Handbuch der Krankheiten des Blutes und der blutbereitenden Organe, Bd. 2. Schittenhelm, A.: Bd. 2, S. 473ff. Springer: Berlin 1925.

— Landau, M. Ber. Naturf. Ges. Freiburg *20*, 69 (1913).

Coons, W. H., Leduc, E. H., Kaplan, M. H.: J. exp. Med. **91**, 31 (1950); **93**, 173 (1951).

Dietrich, A.: Allgemeine Pathologie. Stuttgart: Hirzel 1908.

Grabar, P.: In: P. Grabar und P. Miescher, Immunopathology S. 25, 1. Int. Symp. Basel: Benno Schwabe 1959.

Kruse, H., McMaster, Ph. D.: J. exp. Med. **90**, 425 (1949).

Leduc, E. H., Avrameas, St., Bouteille, M.: J. exp. Med. **127**, 109 (1968).

Letterer, E.: Allg. Pathologie, S. 732, Abb. 606. Stuttgart: Thieme 1959.

— Verh. dtsch. Ges. Path. Berlin 1970. Stuttgart: Gustav Fischer 1970.

Metschnikoff, M. E.: Immunity in infective diseases. Cambridge: Univ. Press 1905.

Müller-Eberhard, H.: Chemie der Complementfaktoren. In: Immunchemie. Kolloquium Moosbach. Berlin-Heidelberg-New York: Springer 1965.

Nossal, G.: Aust. Ann. Med. **14**, 321 (1965).

de Petris, S., Karlsbad, Ges.: J. Cell Biol **26**, 759—778 (1965).

Rössle, R.: Verh. dtsch. Ges. Path. **17**, 281 (1914); **19**, 18 (1923).

Rother, K.: Int. Arch. Allergy **22**, 322 (1963); Z. Immun. Forsch. **126**, 473 (1964).

Sitzungsberichte der Heidelberger Akademie der Wissenschaften
Mathematisch-naturwissenschaftliche Klasse
Erschienene Jahrgänge

J. Herzog und E. Kunz

Die Wertehalbgruppe eines lokalen Rings der Dimension 1

Sitzungsberichte der Heidelberger Akademie der Wissenschaften
Mathematisch-naturwissenschaftliche Klasse
Jahrgang 1971, 2. Abhandlung

Springer-Verlag Berlin Heidelberg GmbH

Sitzungsberichte
der Heidelberger Akademie der Wissenschaften
Mathematisch-naturwissenschaftliche Klasse

Die Jahrgänge bis 1921 einschließlich erschienen im Verlag von Carl Winter, Universitätsbuchhandlung in Heidelberg, die Jahrgänge 1922—1933 im Verlag Walter de Gruyter & Co. in Berlin, die Jahrgänge 1934—1944 bei der Weißschen Universitätsbuchhandlung in Heidelberg. 1945, 1946 und 1947 sind keine Sitzungsberichte erschienen. Ab Jahrgang 1948 erscheinen die „Sitzungsberichte" im Springer-Verlag.

Inhalt des Jahrgangs 1951:

1. A. Mittasch. Wilhelm Ostwalds Auslösungslehre. DM 11.20.
2. F. G. Houtermans. Über ein neues Verfahren zur Durchführung chemischer Altersbestimmungen nach der Blei-Methode. DM 1.80.
3. W. Rauh und H. Reznik. Histogenetische Untersuchungen an Blüten- und Infloreszenzachsen sowie der Blütenachsen einiger Rosoideen, I. Teil. DM 10.—.
4. G. Buchloh. Symmetrie und Verzweigung der Lebermoose. Ein Beitrag zur Kenntnis ihrer Wuchsformen. DM 10.—.
5. L. Koester und H. Maier-Leibnitz. Genaue Zählung von β-Strahlen mit Proportionalzählrohren. DM 2.25.
6. L. Heffter. Zur Begründung der Funktionentheorie. DM 2.30.
7. W. Bothe. Die Streuung von Elektronen in schrägen Folien. DM 2.40.

Inhalt des Jahrgangs 1952:

1. W. Rauh. Vegetationsstudien im Hohen Atlas und dessen Vorland. DM 17.80.
2. E. Rodenwaldt. Pest in Venedig 1575—1577. Ein Beitrag zur Frage der Infektkette bei den Pestepidemien West-Europas. DM 28.—.
3. E. Nickel. Die petrogenetische Stellung der Tromm zwischen Bergsträßer und Böllsteiner Odenwald. DM 20.40.

Inhalt des Jahrgangs 1953/55:

1. Y. Reenpää. Über die Struktur der Sinnesmannigfaltigkeit und der Reizbegriffe. DM 3.50.
2. A. Seybold. Untersuchungen über den Farbwechsel von Blumenblättern, Früchten und Samenschalen. DM 13.90.
3. K. Freudenberg und G. Schuhmacher. Die Ultraviolett-Absorptionsspektren von künstlichem und natürlichem Lignin sowie von Modellverbindungen. DM 7.20.
4. W. Roelcke. Über die Wellengleichung bei Grenzkreisgruppen erster Art. DM 24.30.

Inhalt des Jahrgangs 1956/57:

1. E. Rodenwaldt. Die Gesundheitsgesetzgebung der Magistrato della sanità Venedigs 1486—1550. DM 13.—.
2. H. Reznik. Untersuchungen über die physiologische Bedeutung der chymochromen Farbstoffe. DM 16.80.
3. G. Hieronymi. Über den altersbedingten Formwandel elastischer und muskulärer Arterien. DM 23.—.
4. Symposium über Probleme der Spektralphotometrie. Herausgegeben von H. Kienle. DM 14.60.

Inhalt des Jahrgangs 1958:

1. W. Rauh. Beitrag zur Kenntnis der peruanischen Kakteenvegetation. DM 113.40.
2. W. Kuhn. Erzeugung mechanischer aus chemischer Energie durch homogene sowie durch quergestreifte synthetische Fäden. DM 2.90.

J. Herzog und E. Kunz

Die Wertehalbgruppe eines lokalen Rings der Dimension 1

Sitzungsberichte der Heidelberger Akademie der Wissenschaften
Mathematisch-naturwissenschaftliche Klasse
Jahrgang 1971, 2. Abhandlung

(Vorgelegt in der Sitzung vom 24. Oktober 1970 durch F. K. Schmidt)

Springer-Verlag Berlin Heidelberg GmbH 1971

ISBN 978-3-540-05350-7   ISBN 978-3-662-08862-3 (eBook)
DOI 10.1007/978-3-662-08862-3

Die Wertehalbgruppe eines lokalen Rings der Dimension 1

Jürgen Herzog und Ernst Kunz

Fachbereich Mathematik der Universität Regensburg

Ist R eine multiplikativ abgeschlossene Teilmenge eines diskreten Bewertungsrings V mit $1 \in R$, so bilden die Werte der Elemente von R eine Unterhalbgruppe H der Halbgruppe der natürlichen Zahlen N mit $0 \in H$. Wir interessieren uns für diese Wertehalbgruppe im Fall, daß R ein Unterring von V ist, speziell, wenn R ein eindimensionaler analytisch irreduzibler noetherscher lokaler Integritätsbereich ist, und V seine ganze Abschließung im Quotientenkörper. In diesem Fall ist die Wertehalbgruppe H dem Ring R in invarianter Weise zugeordnet. Es stellt sich die Frage, inwieweit die Eigenschaften eines solchen Rings R durch seine Wertehalbgruppe bestimmt sind.

Wir studieren hier Zusammenhänge zwischen den idealtheoretischen Invarianten von R und entsprechenden Invarianten von H. Dabei entwickeln wir zunächst (in § 1) Grundtatsachen der Idealtheorie in einer Halbgruppe von natürlichen Zahlen. Wir zeigen dann, daß zwischen der Idealtheorie von R und von H enge Beziehungen bestehen. Aussagen, in denen Vergleiche zwischen Invarianten von R und den entsprechenden Invarianten von H gegeben werden, sind in 2.4, 2.10, 2.13, 2.14, 2.18, 2.21, 3.10, 3.11, 4.2, 5.6 und 5.7 enthalten.

Auf Grund des engen Zusammenhangs zwischen den Invarianten von R und H und auf Grund der Tatsache, daß sich Relationen zwischen Invarianten der numerischen Halbgruppe H oft leicht auffinden lassen, kann man auch zu Relationen zwischen Invarianten von R gelangen. Aussagen dieses Typs, in denen dann H nicht mehr in Erscheinung tritt, werden in 2.14, 2.20, 2.21, 2.22, 4.7, 4.9 und 5.2 hergeleitet. Insbesondere werden Charakterisierungen von eindimensionalen Gorensteinringen gegeben.

Andererseits kann man Aussagen über numerische Halbgruppen (also letzten Endes zahlentheoretische Aussagen), die auf direktem

Wege nicht einfach zu beweisen sind, dadurch gewinnen, daß man sie auf ringtheoretische Aussagen zurückführt und Sätze der Ringtheorie heranzieht. Dieses Verfahren, das auch schon in [12] angewendet wurde, beruht darauf, daß die Theorie der kommutativen Ringe weiter entwickelt ist als die Theorie der endlich erzeugten kommutativen Halbgruppen. Auf diese Weise gewonnene, rein halbgruppentheoretische Aussagen sind 1.16, 3.11, 5.9, 5.10 und 5.11. Diese Aussagen befassen sich vor allem mit numerischen Halbgruppen, die vollständige Durchschnitte sind, und mit der Abschätzung des Führers einer Halbgruppe durch die Erzeugenden und Relationen.

§ 1. Halbgruppen von natürlichen Zahlen

Es sei H eine Unterhalbgruppe der additiven Halbgruppe der nicht negativen ganzen Zahlen N. (Es wird stets angenommen, daß $0 \in H$.) Wenn die Zahlen aus H den größten gemeinsamen Teiler d besitzen, dann ist H isomorph zu $d^{-1}H = \{n \in N \mid n \cdot d \in H\}$. Wir werden uns daher auf Halbgruppen mit $d = 1$ beschränken. Eine solche Halbgruppe heiße eine *numerische Halbgruppe*. Es gibt dann eine kleinste Zahl $c \in N$ mit $c + N \subseteq H$. c heißt der *Führer* von H.

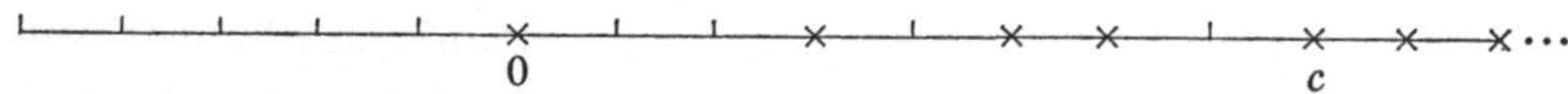

Wir werden uns in diesem Paragraphen einerseits mit der Idealtheorie in einer numerischen Halbgruppe beschäftigen, andererseits mit den Relationen in H. Dabei werden wir gewisse Klasseneinteilungen der numerischen Halbgruppen erhalten, die analog sind zu Klasseneinteilungen in der Theorie der kommutativen Ringe.

A. Ideale in H

Eine nichtleere Teilmenge I von Z heißt ein *gebrochenes H-Ideal*, wenn $I \neq Z$ ist und $I + H \subseteq I$ gilt. Ist sogar $I \subseteq H$, dann heißt I ein *ganzes Ideal*. Zum Beispiel ist $M := \{h \in H \mid h \neq 0\}$ das eindeutig bestimmte maximale Ideal von H.

Für jedes gebrochene H-Ideal I gibt es ein $z \in Z$ mit $z + I \subseteq H$, andernfalls wäre nämlich $I = Z$.

Ein *Hauptideal* ist ein Ideal der Form $z + H$, $z \in Z$. Sind $z_1, \ldots, z_s \in Z$, so bezeichnet $(z_1, \ldots, z_s)$ das von diesen Elementen erzeugte Ideal: $(z_1, \ldots, z_s) = \bigcup_{i=1}^{s} z_i + H$. Speziell: $(z) = z + H$.

Lemma 1.1. *Es sei $h \in H$. Es gibt genau h Zahlen in H, die nicht im Hauptideal (h) enthalten sind.*

Beweis. Es gebe l Elemente in H, die kleiner als c sind. Dann gibt es $l + h$ Elemente in H, die kleiner als $c + h$ sind. Ferner gibt es l Elemente in (h), die kleiner als $c + h$ sind. Da $c + h + \mathbf{N} \subseteq (h)$, gibt es somit h Elemente in H, die nicht zu (h) gehören.

Ein Ideal $I \subseteq H$ heißt *irreduzibel*, wenn aus einer Darstellung $I = I_1 \cap I_2$ mit Idealen $I_1, I_2 \subseteq H$ folgt, daß entweder $I_1 = I$ oder $I_2 = I$ ist.

Es ist klar, daß jedes Ideal $I \subseteq H$ als Durchschnitt von endlich vielen irreduziblen Idealen geschrieben werden kann. Wir wollen zeigen, daß eine unverkürzbare Darstellung von I als Durchschnitt von irreduziblen Idealen eindeutig bestimmt ist und wir wollen die in dieser Darstellung auftretenden Ideale näher beschreiben. Wir beginnen mit einigen Vorbereitungen:

Es sei $h \in H$ und

$$I_h := \{ h' \in H \mid h \notin (h') \}.$$

Offensichtlich ist $h \notin I_h$.

Lemma 1.2. a) *Für jedes Ideal I von H mit $h \notin I$ gilt $I \subseteq I_h$.*
b) *I_h ist irreduzibel.*

Beweis. a) Da $h \notin I$, ist $h \notin (h')$ für jedes $h' \in I$, also $h' \in I_h$, somit $I \subseteq I_h$.

b) Angenommen, es sei $I_h = I' \cap I''$ mit Idealen $I' \neq I_h$, $I'' \neq I_h$. Dann ist nach a) $h \in I'$, $h \in I''$, somit $h \in I' \cap I'' = I_h$, ein Widerspruch.

Als nächstes zeigen wir, daß jedes irreduzible Ideal von der Form I_h ist:

Lemma 1.3. *Ist I ein irreduzibles Ideal in H und $h = \mathrm{Max}\, \{ h' \in H \mid h' \notin I \}$, dann ist $I = I_h$.*

Beweis. $I \subseteq I_h$ ergibt sich sofort aus der Maximalitätseigenschaft 1.2 a) von I_h. Wir zeigen: $I = I_h \cap (I, h)$, wenn (I, h) das von I und h erzeugte Ideal bedeutet.

Angenommen, es sei $\alpha \in I_h \cap (I, h)$, $\alpha \notin I$. Dann ist $\alpha = h + h'$ $(h' \in H)$. Wäre $h' \neq 0$, so wäre $h + h' \in I$ entgegen der Annahme. Ist aber $h' = 0$, so ist $\alpha = h \in I_h$, was ebenfalls einen Widerspruch liefert.

Da $I = I_h \cap (I, h)$ ist und I irreduzibel, folgt $I = I_h$.

Lemma 1.4. *Genau dann gilt* $(h_1) \subseteq (h_2)$, *wenn* $I_{h_1} \subseteq I_{h_2}$.

Beweis. Ist $(h_1) \subseteq (h_2)$ und $h \in I_{h_1}$, so ist $h_1 \notin (h)$. Dann ist aber auch $h_2 \notin (h)$, also $h \in I_{h_2}$. Somit ist $I_{h_1} \subseteq I_{h_2}$.

Ist umgekehrt dies gegeben und wäre $h_1 \notin (h_2)$, so wäre $h_2 \in I_{h_1} \subseteq I_{h_2}$, ein Widerspruch. Folglich ist $(h_1) \subseteq (h_2)$.

Korollar 1.5. $I_{h_1} = I_{h_2}$ *gilt genau dann, wenn* $h_1 = h_2$ *ist*.

Sind I, J zwei Ideale in H, so setzen wir $I - J = \{h \in H \mid h + J \subseteq I\}$.

Satz 1.6. *Jedes Ideal I von H besitzt eine eindeutig bestimmte unverkürzbare Darstellung als Durchschnitt von irreduziblen Idealen, nämlich:*

$$I = \bigcap_{\substack{h \in I - M \\ h \notin I}} I_h.$$

Beweis. I ist der Durchschnitt aller irreduziblen Ideale, die I umfassen. Ist $I \subseteq I_h$, dann ist $h \notin I$, es folgt also

$$I = \bigcap_{h \notin I} I_h.$$

Dieser Durchschnitt ist im allgemeinen nicht unverkürzbar. Nach 1.4 ergibt sich

$$I = \bigcap_{\substack{h \in I - M \\ h \notin I}} I_h,$$

denn ist $h' \notin I$, $h' + m = h'' \notin I$ für ein $m \in M$, dann ist $I_{h''} \subseteq I_{h'}$, und $I_{h'}$ kann bei der Durchschnittsbildung weggelassen werden.

Es sei nun $\{h_1, \ldots, h_n\} = \{h \in H \mid h \in I - M, h \notin I\}$. Da $h_i \notin I_{h_i}$, aber $h_i \in I_{h_j}$ für $j \neq i$ gilt, weil $h_j \notin (h_i)$, ist die Darstellung

$$I = \bigcap_{j=1}^{n} I_{h_j} \tag{1}$$

unverkürzbar.

Es sei nun

$$I = \bigcap_{k=1}^{m} I_{h'_k} \tag{2}$$

irgendeine unverkürzbare Darstellung von I als Durchschnitt von irreduziblen Idealen $I_{h'_k}$. Für jedes $k = 1, \ldots, m$ gibt es dann ein j mit

$$I \subseteq I_{h_j} \subseteq I_{h'_k}.$$

Für verschiedene k sind die zugehörigen j verschieden, denn sonst wäre die Darstellung (2) nicht unverkürzbar. Es kann auch nicht

$m < n$ sein, denn sonst wäre (1) nicht unverkürzbar. Folglich ist $m = n$ und jedes $I_{h'_k}$ enthält genau ein I_{h_j}.

Betrachten wir nun einen Durchschnitt

$$I_{h_1} \cap \cdots \cap I_{h_{j-1}} \cap I_{\bar{h}_j} \cap I_{h_{j+1}} \cap \cdots \cap I_{h_n} \quad \text{mit} \quad I_{\bar{h}_j} \supset I_{h_j},$$

also $(\bar{h}_j) > (h_j)$, dann ist $\bar{h}_j \notin (h_i)$, also $h_j \in I_{\bar{h}_j}$ und

$$h_j \in I_{h_1} \cap \cdots \cap I_{h_{j-1}} \cap I_{\bar{h}_j} \cap \cdots \cap I_{h_n}, \quad h_j \notin I.$$

Es folgt, daß (2) nur gelten kann, wenn die Darstellung mit (1) übereinstimmt.

Für ein gebrochenes H-Ideal setzen wir $I^- := \{z \in \mathbf{Z} \mid z + I \subseteq H\}$. I^- ist dann wieder ein gebrochenes H-Ideal.

Speziell ist M^- ein gebrochenes H-Ideal mit $N \supseteq M^- \supseteq H$. Da $c - 1 \in M^-$, umfaßt M^- sogar echt die Halbgruppe H.

Es sei $\{z_1, \ldots, z_r\} = \{z \in M^{-1} \mid z \notin H\}$.

Satz 1.7. *Für jedes Hauptideal* $(h) \neq (0)$ *ist*

$$(h) = \bigcap_{i=1}^{r} I_{h + z_i}$$

die unverkürzbare Darstellung von (h) *als Durchschnitt von irreduziblen Idealen. Die Anzahl* r *der auftretenden Ideale ist eine Invariante von* H, *d.h. unabhängig von* $(h) \neq (0)$.

Beweis. Für $I = (h)$ ergibt sich $I - M = \{h' \in H \mid h' + M \subseteq (h)\} = \{h' \in H \mid (h' - h) + M \subseteq H\} = h + M^-$. Ist $h' \in I - M$, $h' \notin I$, dann ist $h' - h \notin H$. Es folgt $\{h' \in H \mid h' + M \subseteq (h), h' \notin (h)\} = \{h + z_1, \ldots, h + z_r\}$.

Die Behauptung von Satz 1.7 folgt nun aus 1.6.

Bemerkung. Satz 1.7 entspricht einem Satz über kommutative Ringe. Bei den Ringen hat man jedoch keine Eindeutigkeitsaussage.

Es sei $r(H)$ die Anzahl der Elemente von M^-, die nicht zu H gehören. Nach 1.7 ist $r(H)$ auch die Anzahl der irreduziblen Ideale, die in einer unverkürzbaren Darstellung eines Hauptideals $(h) \neq (0)$ als Durchschnitt irreduzibler Ideale auftreten.

Es sei $l(H)$ die Anzahl der Elemente $h \in H$, $h < c$. Ein Element $z \in \mathbf{Z}$, $z \notin H$ heißt eine *Lücke* für H. Zum Beispiel ist $c - 1$ die größte Lücke für H. Ist $h \in H$, so ist $c - 1 - h \notin H$, also eine Lücke. Solche Lücken heißen *Lücken 1. Art*. Zwischen 0 und c gibt es genau $l(H)$

Lücken 1. Art. Insbesondere ist

$$2 \cdot 1(H) \leqq c.$$

Die übrigen $c - 2 \cdot 1(H)$ Lücken (die alle zwischen 0 und c liegen) heißen *Lücken 2. Art.* Sie sind von der Form $z' = c - 1 - z$, $z \in \mathbf{Z}$, $z \notin H$. Mit z' ist auch z eine Lücke 2. Art.

Ist $z_i \in M^-$, $z_i \notin H$, $z_i \neq c - 1$, dann ist $c - 1 - z_i \notin H$, folglich z_i eine Lücke 2. Art. Es folgt

Proposition 1.8.

$$r(H) \leqq c - 2 \cdot 1(H) + 1.$$

Man nennt H *symmetrisch*, wenn es keine Lücken 2. Art gibt.

Satz 1.9. *Folgende Aussagen sind äquivalent:*

a) *H ist symmetrisch.*

b) *Die Abbildung $\mathbf{Z} \to \mathbf{Z}$ mit $z \mapsto c - 1 - z$ bildet die Elemente von H auf Lücken und die Lücken auf Elemente von H ab.*

c) $c = 2 \cdot 1(H).$

d) $r(H) = 1$ *(d.h. jedes Hauptideal von H ist irreduzibel)*

e) $M^- = H \cup \{c - 1\}.$

f) M^- *wird von 2 Elementen erzeugt.*

Beweis. Nach dem Gesagten ist klar, daß die ersten vier Aussagen des Satzes äquivalent sind und daß d) $\to$ e) und e) $\to$ f) gilt.

Wenn M^- von 2 Elementen erzeugt wird, dann muß 0 eines dieser Elemente sein, da 0 das kleinste Element von M^- ist: $M^- = (0, \alpha)$. Da $c - 1 \in M^-$, $c - 1 \notin H$, gibt es ein $h \in H$ mit $\alpha + h = c - 1$. Wäre $h \neq 0$, dann folgte $c - 1 \in M$. Also ist $\alpha = c - 1$ und $M^- = H \cup \{c - 1\}$. Dies beweist f) $\to$ e).

Zum Beweis von e) $\to$ a) zeigen wir zunächst:

Für jedes $z \in \mathbf{Z}$, $z \notin H$ gibt es ein $z_i \in M^-$, $z_i \notin H$ mit $z_i - z \in H$.

Es sei $\{z_1, \ldots, z_r\}$ die Menge der Elemente aus M^-, die nicht zu H gehören. Wir dürfen $z \notin \{z_1, \ldots, z_r\}$ annehmen. Dann existiert ein $h_1 \in M$ mit $z + h_1 \notin H$. Ist $y_1 := z + h_1 \in \{z_1, \ldots, z_r\}$, dann sind wir fertig. Andernfalls existiert ein $h_2 \in M$ mit $y_1 + h_2 \notin H$.

Das Verfahren bricht nach endlich vielen Schritten mit einem $y_k \in \{z_1, \ldots, z_r\}$, $y_k = z + \overline{h}$, $\overline{h} \in M$ ab. Dann ist $y_k = z_i$ für ein gewisses i und $z_i - z = \overline{h} \in H$.

Ist nun e) erfüllt, so folgt für jedes $z \in \mathbf{Z}$, $z \notin H$, daß $c - 1 - z \in H$ ist. Es gibt somit keine Lücken 2. Art und der Satz ist bewiesen.

Satz 1.10. *In einer symmetrischen Halbgruppe gibt es genau c irreduzible Ideale, die nicht Hauptideale sind, nämlich die Ideale I_h für $h - (c-1) \notin H$.*

Beweis. Wenn I_h Hauptideal ist, dann ist nach 1.7 $I_h = (h - (c-1))$, also $h - (c-1) \in H$. Ist umgekehrt $h - (c-1) \in H$, dann ist $(h - (c-1)) = I_h$ und I_h ist Hauptideal.

Aus der Symmetrie ergibt sich leicht, daß es c Elemente in H gibt mit $h - (c-1) \notin H$.

B. Erzeugende und Relationen

Jede numerische Halbgruppe H besitzt ein endliches Erzeugendensystem, d.h. Elemente $n_1, \ldots, n_l \in H$, so daß

$$H = Nn_1 + \cdots + Nn_l$$

gilt. Wir schreiben $H = \langle n_1, \ldots, n_l \rangle$. Es gibt sogar ein eindeutig bestimmtes Erzeugendensystem kürzester Länge l, das man wie folgt erhält: Es sei n_1 das kleinste Element von H mit $n_1 > 0$, n_2 das kleinste Element in H, das nicht in Nn_1 liegt, n_{i+1} das kleinste Element in H, das nicht in $Nn_1 + \cdots + Nn_i$ enthalten ist usw. Da die n_i in verschiedenen Restklassen mod n_1 enthalten sind, bricht das Verfahren nach höchstens n_1 Schritten ab: $H = Nn_1 + \cdots + Nn_l$. Wir nennen das so konstruierte Erzeugendensystem das *minimale Erzeugendensystem* von H. Jedes beliebige Erzeugendensystem enthält das minimale.

Ist $\{n_1, \ldots, n_l\}$ das minimale Erzeugendensystem von H, so heißt $\mathrm{m}(H) := n_1$ die *Multiplizität*, $\mathrm{edim}(H) := l$ die *Einbettungsdimension* von H.

Es gilt

Bemerkung 1.11.

$$\mathrm{edim}(H) \leqq \mathrm{m}(H).$$

Ähnlich wie oben zeigt man, daß auch jedes gebrochene H-Ideal I ein eindeutig bestimmtes minimales (Ideal-) Erzeugendensystem besitzt.

Lemma 1.12. *Das minimale Erzeugendensystem $\{n_1, \ldots, n_l\}$ von H ist zugleich das minimale Erzeugendensystem des maximalen Ideals M von H.*

Beweis. n_1 gehört dem minimalen Erzeugendensystem von M an. Es sei schon bewiesen, daß $n_1, \ldots, n_{i-1}$ zum minimalen Erzeugendensystem von M gehört. Wäre dann $n_i \in (n_1, \ldots, n_{i-1})$, dann gibt es ein $j < i$ und ein $h \in H$ mit $n_i = n_j + h$. Schreibt man $h = \sum_{k=1}^{l} v_k n_k \ (v_k \in N)$, so ist $n_i = n_j + \sum_{k=1}^{l} v_k n_k$. Da $n_1 < n_2 < \cdots$ folgt $v_k = 0$ für $k = i, \ldots, l$, also $n_i \in N n_1 + \cdots + N n_{i-1}$. Dies widerspricht aber der Konstruktion von $\{n_1, \ldots, n_l\}$. Da n_i das kleinste Element aus M ist, das nicht in $(n_1, \ldots, n_{i-1})$ enthalten ist, muß es zum minimalen Erzeugendensystem von M gehören.

Lemma 1.13. *Jedes gebrochene H-Ideal wird von* $\mathrm{m}(H)$ *Elementen erzeugt. Es gibt ein Ideal, das nicht von weniger als* $\mathrm{m}(H)$ *Elementen erzeugt wird, z. B.* $I = (c, c+1, \ldots, c+\mathrm{m}(H)-1)$.

Beweis. Die Elemente des minimalen Erzeugendensystems liegen in verschiedenen Restklassen mod $\mathrm{m}(H)$.

Proposition 1.14. α) *Sei* $\mathrm{edim}(H) = \mathrm{m}(H)$, *dann ist* $c = n_l - n_1 + 1$. *Ist außerdem die Multiplizität von* H *größer als* 2, *dann ist* H *nicht symmetrisch.*

β) *Sei* $\mathrm{edim}(H) - 1 = \mathrm{m}(H)$, *dann sind folgende Aussagen äquivalent:*

a) H *ist symmetrisch.*

b) $c = n_i + n_{l+2-i} - n_1 + 1$ *für alle* $i \geq 2$.

c) $n_i + n_{l+2-i} = n_j + n_{l+2-j}$ *für alle* $i, j \geq 2$ *und*
$n_i + n_{l+2-1} \not\equiv 0 \bmod n_1$.

Beweis. α) Das größte Element in H, das nicht zu (n_1) gehört, ist $c - 1 + n_1$. Andererseits ist $H \setminus (n_1) = \{0, n_2, \ldots, n_l\}^*$, da $\mathrm{edim}(H) = \mathrm{m}(H)$. Also gilt $n_l = c - 1 + n_1$.

Sei nun $\mathrm{m}(H) > 2$. Angenommen, H ist symmetrisch, dann ist $c - 1 - (n_2 - n_1) \in H$, also $n_l - n_1 - (n_2 - n_1) = n_l - n_2 \in H$, ein Widerspruch.

β) a) $\to$ b). Nach Voraussetzung ist $\mathrm{edim}(H) - 1 = \mathrm{m}(H)$, daher ist $H \setminus (n_1) = \{0, n_2, \ldots, n_l, c - 1 + n_1\}$. Da H symmetrisch ist, gilt $(n_1) = I_{n_1 + c - 1}$. Das bedeutet, daß $c - 1 + n_1 - n_i \in H$ für alle $i = 2, \ldots, l$. Nun ist $c - 1 + n_1 - n_i \notin (n_1)$, sonst wäre $c - 1 \in H$.

Also ist $c - 1 + n_1 - n_i = n_j$ für ein $j \geq 2$. Da $n_2 < n_3 < \cdots < n_l$, muß $j = l + 2 - i$ sein.

---

* $H \setminus (n_1)$ ist die Menge der Elemente $h \in H$, $h \notin (n_1)$.

Es ist klar, daß aus b) die Behauptung c) folgt.

Zum Beweis von c) $\to$ a) zeigen wir zunächst, daß $h = n_i + n_{l+2-i} \notin (n_1)$. Ist nämlich $h = \sum_{i=1}^{l} \alpha_i n_i$, $\alpha_i \in \mathbf{Z}$, $\alpha_i \geqq 0$, dann existiert ein $j \geqq 2$ mit $\alpha_j > 0$, da $h \not\equiv 0 \bmod n_1$. Folglich ist $n_{l+2-j} = \sum_{i=1}^{l} \alpha_i n_i + (\alpha_j - 1) n_j$. Diese Gleichung kann nur gelten, wenn insbesondere $\alpha_1 = 0$ ist, d.h. $h \notin (n_1)$. Es ist klar, daß $h \neq n_i$ für alle i. Zusammen mit dem bereits Bewiesenen ergibt sich also, daß $h = c - 1 + n_1$. Hieraus folgt leicht, daß (n_1) irreduzibel, also H symmetrisch ist.

Lemma 1.15. *Folgende Aussagen sind äquivalent:*

a) *Jede Halbgruppe H' mit $H \subseteq H' \subseteq \mathbf{N}$ ist symmetrisch.*

b) $H = \mathbf{N}$ oder $H = \langle 2, c + 1 \rangle$, $c \equiv 0 \bmod 2$.

c) *Jedes gebrochene H-Ideal wird von 2 Elementen erzeugt.*

Beweis. Wenn a) vorausgesetzt wird, dann ist mit H auch $H \cup \{c - 1\}$ eine symmetrische Halbgruppe. Da die Zahl der Lücken zwischen 0 und c gleich $c/2$ ist, folgt aus der Symmetrie von $H \cup \{c - 1\}$, daß $c - 2 \in H$ ist. Durch Induktion folgt b).

b) $\to$ a) ist trivial. b) $\to$ c) ergibt sich aus 1.13.

Wenn jedes gebrochene Ideal von H von 2 Elementen erzeugt wird, dann ist $\mathrm{m}(H) \leqq 2$. Entweder ist dann $H = \mathbf{N}$ oder $2 \in H$, also $H = \langle 2, c + 1 \rangle$, $c \equiv 0 \bmod 2$.

Es sei $E = \{n_1, \ldots, n_l\}$ ein Erzeugendensystem von H, nicht notwendig das minimale. Ein Element $h \in H$ definiert eine *Relation bez. E*, wenn es zwei Darstellungen

$$h = \sum_{i=1}^{l} v_i n_i = \sum_{i=1}^{l} v_i' n_i \quad (v_i, v_i' \in \mathbf{N}) \tag{3}$$

mit $(v_1, \ldots, v_l) \neq (v_1', \ldots, v_l')$ gibt.

Die Elemente von H, die Relationen bez. E definieren, bilden ein Ideal von H.

Wir setzen $v = (v_1, \ldots, v_l)$, $v' = (v_1', \ldots, v_l')$ und nennen (v, v') die durch (3) definierte Relation. Es ist klar, daß folgende Regeln gelten:

a) Ist (v, v') eine Relation, dann auch (v', v).

b) Sind (v, v') und (v', v'') Relationen, dann auch (v, v'').

c) Ist (v, v') eine Relation und $\omega \in \mathbf{N}^l$, dann ist auch $(v + \omega, v' + \omega)$ eine Relation.

Eine Menge R von Relationen heißt ein *Erzeugendensystem für die Relationen*, wenn jede beliebige Relation durch endlichfache Anwendung der Regeln a)—c) aus R gewonnen werden kann.

Satz 1.16. *Es sei $E = \{n_1, \ldots, n_l\}$ ein Erzeugendensystem von H. Dann gibt es ein endliches Erzeugendensystem für die Relationen von H bez. E. Ist μ_E die Anzahl der Elemente eines kürzesten Erzeugendensystems für die Relationen bez. E, dann gilt:*

$\mathrm{d}(H) := \mu_E - l + 1$ *ist eine Invariante von H (d.h. unabhängig von E) und* $\mathrm{d}(H) \geqq 0$.

Beweis. Der Satz wurde im wesentlichen in [12] bewiesen.

Es sei k ein Körper und $k[H]$ der Unterring des formalen Potenzreihenrings $k[t]$, der aus allen formalen Potenzreihen $\sum_{h \in H} \alpha_h t^h \, (\alpha_h \in k)$ besteht.

$$k[X_1, \ldots, X_l] \to k[H]$$

sei der k-Algebrahomomorphismus mit $X_i \mapsto t^{n_i} \, (i = 1, \ldots, l)$ und $\mathfrak{a}$ sei sein Kern.

Ist (v, v') eine Relation, $v = (v_1, \ldots, v_l)$, $v' = (v'_1, \ldots, v'_l)$, dann ist $X_1^{v_1} \ldots X_l^{v_l} - X_1^{v'_1} \ldots X_l^{v'_l} \in \mathfrak{a}$. Man zeigt wie in [12], daß den Elementen eines minimalen Relationensystems von H bez. E auf diese Weise ein minimales Erzeugendensystem von $\mathfrak{a}$ zugeordnet wird.

Ist $\mu_{\mathfrak{a}}$ die Zahl der Elemente eines minimalen Erzeugendensystems von $\mathfrak{a}$ (also $\mu_{\mathfrak{a}} = \mu_E$), dann ist nach einem Satz der kommutativen Algebra $\mathrm{d}(k[H]) := \mu_{\mathfrak{a}} - l + 1 = \mu_{\mathfrak{a}} - \dim(k[X_1, \ldots, X_l]) + \dim(k[H])$ eine Invariante von $k[H]$ und $\mathrm{d}(k[H]) \geqq 0$.

Definition (vgl. [12]). Ist $\mathrm{d}(H) = 0$, dann heißt H *ein vollständiger Durchschnitt*.

Man kann zeigen, daß ein vollständiger Durchschnitt stets eine symmetrische Halbgruppe ist (vgl. 3.11).

§ 2. Unterringe von diskreten Bewertungsringen

Es sei V ein diskreter Bewertungsring mit dem Quotientenkörper K und $v: K^* \to \mathbf{Z}$ die zugehörige normierte Bewertung. Für einen Unterring $R \subseteq V$ ist $H := v(R)$ eine Unterhalbgruppe von $\mathbf{N}$. Wir nennen H die *Wertehalbgruppe* von R. Wir wollen untersuchen, wie sich Eigenschaften von R und H entsprechen.

Beispiel 2.1. Es sei R ein Unterring eines regulären lokalen Rings S. Ist M das maximale Ideal von S, so setzt man für $s \in S$, $s \neq 0$

$$v(s) = \sigma, \quad \text{wenn} \quad s \in M^\sigma,\ s \notin M^{\sigma+1}.$$

Auf diese Weise wird auf dem Quotientenkörper von S eine diskrete Bewertung induziert und man erhält für R eine Wertehalbgruppe, die allerdings von S abhängen kann.

Wir werden uns fast ausschließlich mit der im folgenden Beispiel angegebenen Situation beschäftigen:

Beispiel 2.2. R sei ein eindimensionaler, analytisch irreduzibler noetherscher lokaler Ring. Die ganze Abschließung V von R im Quotientenkörper K von R ist ein diskreter Bewertungsring. In diesem Fall ist R eine Wertehalbgruppe H in invarianter Weise zugeordnet.

Für Ringe wie in 2.2 wird durch die Wertehalbgruppen eine Klasseneinteilung bewirkt: Zwei Ringe heißen *äquivalent*, wenn sie dieselbe Wertehalbgruppe besitzen. Für Untersuchungen im Zusammenhang mit diesem Äquivalenzbegriff sei verwiesen auf Azevedo [3], Ebey [9], Wolffhardt [16], Zariski [17].

Ist R ein Unterring eines diskreten Bewertungsrings V und $\mathfrak{a}$ ein gebrochenes R-Ideal aus $K = \mathrm{Quot}(R)$, dann ist $v(\mathfrak{a})$ ein gebrochenes H-Ideal. Es heißt das *Werteideal von* $\mathfrak{a}$.

Obwohl verschiedene Ideale von R das gleiche Werteideal haben können und nicht alle H-Ideale Werteideale zu sein brauchen, besteht eine enge Beziehung zwischen der Idealtheorie von R und H.

Beispiel 2.3. Es sei $V = k[t]$ der Potenzreihenring in einer Variablen über einem Körper k und $R = k[t^4 + t^5, t^6]$. Dann ist das Ideal $I = (4, 6)$ aus der Wertehalbgruppe H von R kein Werteideal: $H = \{0,\ 4,\ 6,\ 8,\ 10,\ 12,\ 13,\ 14,\ 16,\ 17, \ldots\}$, $c = 16$. Es gilt $13 \notin I$, aber jedes Ideal aus R, das Elemente vom Wert 4 und 6 enthält, enthält auch ein Element vom Wert 13.

Es sei $\mathfrak{a}$ ein gebrochenes R-Ideal.

$\mathrm{m}_\mathfrak{a} := \min\{v(a) \mid a \in \mathfrak{a}\}$ heißt der *minimale Wert* von $\mathfrak{a}$. Ist t ein Primelement von V, so ist $\mathfrak{a} \cdot V = t^{m_\mathfrak{a}} V$. Es liege die Situation 2.2 vor. Dann ist V ein endlich erzeugter R-Modul und der Führer $\mathfrak{f}$ von R nach V ist ein von (0) verschiedenes V-Ideal in R:

$$\mathfrak{f} = t^{m_\mathfrak{f}} \cdot V.$$

Proposition 2.4. *Es liege die Situation 2.2 vor. R und V mögen denselben Restklassenkörper besitzen. (Dies ist z. B. der Fall, wenn der Restklassenkörper von R algebraisch abgeschlossen ist.) Es sei f der Führer von R nach V und c der Führer von H. Dann ist*

$$\mathfrak{m}_f = c.$$

Beweis. Offensichtlich ist $\mathfrak{m}_f + N < H$, also $\mathfrak{m}_f \geq c$. Ist umgekehrt $h + N < H$ und $r \in R$ mit $v(r) = h$, dann ist $r \cdot x \in R$ für alle $x \in V$. Wenn dies bewiesen ist, folgt $r \in f$, also $h \geq \mathfrak{m}_f$ und speziell $c \geq \mathfrak{m}_f$.

Es ist $v(rx) = h + v(x) = v(r_1)$ nach der Voraussetzung über h. Da R und V den gleichen Restklassenkörper besitzen, gibt es eine Einheit $\varepsilon_1 \in R$ mit

$$v(rx - \varepsilon_1 r_1) > v(rx).$$

Durch Induktion konstruiert man ein $r' \in R$ mit

$$v(rx - r') \geq \mathfrak{m}_f.$$

Dann ist $rx - r' \in f$, also $rx \in R$.

Folgerung 2.5. *Es sei unter den Voraussetzungen von 2.4 $\mathfrak{a}$ ein gebrochenes R-Ideal, $\mathfrak{a} \neq (0)$. Für alle $x \in V$ mit $v(x) \geq \mathfrak{m}_\mathfrak{a} + c$ ist dann $x \in \mathfrak{a}$.*

Beweis. Es sei $a \in \mathfrak{a}$ mit $v(a) = \mathfrak{m}_\mathfrak{a}$. Dann ist $x = \dfrac{x}{a} \cdot a$, $v\left(\dfrac{x}{a}\right) \geq c$, also $\dfrac{x}{a} \in R$.

Proposition 2.6. *Unter den Voraussetzungen von 2.4 sei $\mathfrak{a}$ ein gebrochenes R-Ideal und $v(\mathfrak{a}) = (h_1, \ldots, h_s)$. Sind $r_1, \ldots, r_s \in \mathfrak{a}$ mit $v(r_i) = h_i$ $(i = 1, \ldots, s)$ gewählt, dann ist*

$$\mathfrak{a} = (r_1, \ldots, r_s).$$

Beweis. Ist $a \in \mathfrak{a}$, so ist $v(a) = h_i + h_i'$ für ein gewisses $i \in \{1, \ldots, s\}$ und $h_i' \in H$:

$$v(a) = v(r_i r_i'), \quad r_i' \in R, \quad v(r_i') = h_i'.$$

Ist ε_i eine geeignete Einheit in R, dann ist

$$v(a - (\varepsilon_i r_i') r_i) > v(a).$$

Es sei $\mathfrak{b} = (r_1, \ldots, r_s)$. Man konstruiert durch vollständige Induktion Elemente $\bar{r}_1, \ldots, \bar{r}_s \in R$, so daß

$$v\left(a - \sum_{i=1}^{s} \bar{r}_i r_i\right) \geq \mathfrak{m}_\mathfrak{b} + c$$

ist. Nach 2.5 ist dann $a \in \mathfrak{b}$.

Folgerung 2.7. *Ist $v(\mathfrak{a})$ ein Hauptideal, dann auch $\mathfrak{a}$.*

Folgerung 2.8. *Sind $\mathfrak{a}_1 \subseteq \mathfrak{a}_2$ gebrochene R-Ideale und ist $v(\mathfrak{a}_1) = v(\mathfrak{a}_2)$, dann ist $\mathfrak{a}_1 = \mathfrak{a}_2$.*

Proposition 2.9. *Unter den Voraussetzungen von 2.4 seien $\mathfrak{a}_2 < \mathfrak{a}_1$ zwei gebrochene R-Ideale, $\mathfrak{a}_2 \neq (0)$. Dann besitzt der R-Modul $\mathfrak{a}_1/\mathfrak{a}_2$ endliche Länge $l(\mathfrak{a}_1/\mathfrak{a}_2)$ und $l(\mathfrak{a}_1/\mathfrak{a}_2)$ ist gleich der Anzahl der Elemente von $v(\mathfrak{a}_1)$, die nicht zu $v(\mathfrak{a}_2)$ gehören.*

Beweis. Da $\mathfrak{a}_2 \neq 0$ ist, gibt es nur endlich viele Elemente

$$h_1 > \cdots > h_s \quad \text{aus} \quad v(\mathfrak{a}_1),$$

die nicht zu $v(\mathfrak{a}_2)$ gehören. Es sei

$$I_0 := v(\mathfrak{a}_2)$$
$$I_\nu := v(\mathfrak{a}_2) \cup \{h_1, \ldots, h_\nu\}, \qquad \nu = 1, \ldots, s.$$

Dann ist klar, daß

$$v(\mathfrak{a}_2) = I_0 < I_1 < \cdots < I_s = v(\mathfrak{a}_1)$$

eine echt aufsteigende Kette von H-Idealen ist, die überdies maximal ist, da jedes Ideal aus seinem Vorgänger durch Hinzunahme eines einzigen Elements entsteht.

Es seien $a_1, \ldots, a_s$ Elemente von $\mathfrak{a}_1$ mit $v(a_\nu) = h_\nu$ und $\mathfrak{b}_\nu = (\mathfrak{a}_2, a_1, \ldots, a_\nu)$. Dann ist $v(\mathfrak{b}_\nu) = I_\nu$ und $\mathfrak{b}_s = \mathfrak{a}_1$ nach 2.6.

$$\mathfrak{a}_2 < \mathfrak{b}_1 < \cdots < \mathfrak{b}_s = \mathfrak{a}_1$$

ist nach 2.8 eine echt aufsteigende maximale Kette von gebrochenen R-Idealen. Es folgt die Behauptung.

Folgerung 2.10. *Unter den Voraussetzungen von 2.4 ist $l(R/\mathfrak{f})$ gleich der Anzahl der Elemente $h \in H$ mit $h < c$.*

Folgerung 2.11. *Ist $(a) \subseteq R$ ein Hauptideal, $a \neq 0$, dann ist*

$$l(R/(a)) = v(a).$$

Beweis. Die ergibt sich aus 2.9 und 1.1.

Unter den Voraussetzungen von 2.4 sei $\mathfrak{a}_h := \{x \in R \mid v(x) \geq h\}$ für $h \in H$. Ist $\mathfrak{M}$ das maximale Ideal von V, dann ist $\mathfrak{a}_h = \mathfrak{M}^h \cap R$.

Folgerung 2.12. *Für $h_1, h_2 \in H$, $h_1 \leq h_2$ ist*

$$l(\mathfrak{a}_{h_1}/\mathfrak{a}_{h_2}) \leq l(\mathfrak{a}_{h_2}^{-1}/\mathfrak{a}_{h_1}^{-1}).$$

Beweis. Offensichtlich ist für ein Primelement $t \in V$

$$\{t^{c-1-h'} \mid h' \in H, h' < h_2\} \subseteq \mathfrak{a}_{h_2}^{-1}.$$

Ist $h' \geq h_1$, so ist $t^{c-1-h'} \notin \mathfrak{a}_{h_1}^{-1}$, denn, wenn $x \in \mathfrak{a}_{h_1}$, $v(x) = h'$ ist, dann ist $v(x t^{c-1-h'}) = c - 1 \notin H$. Nach 2.9 folgt, daß $1(\mathfrak{a}_{h_2}^{-1}/\mathfrak{a}_{h_1}^{-1})$ größer oder gleich der Anzahl der Elemente $h' \in H$ mit $h_1 \leq h' < h_2$ ist. Diese Anzahl stimmt aber nach 2.9 mit $1(\mathfrak{a}_{h_1}/\mathfrak{a}_{h_2})$ überein.

Die Überlegungen aus § 1 lassen sich dazu verwenden, Abschätzungen für die Erzeugendenzahlen von Idealen aus R anzugeben, wenn R ein Ring wie 2.4 ist. Dazu beachte man zunächst

Bemerkung 2.13. Die Multiplizität $\mathrm{m}(R)$ von R stimmt überein mit der Multiplizität $\mathrm{m}(H)$ der Wertehalbgruppe.

Es sei $\mathfrak{m}$ das maximale Ideal von R und $1(R \mid \mathfrak{m}^x) = \mathrm{m}(R) \cdot x + \varrho$ für große x, also $\mathrm{m}(R) \cdot x + \varrho$ das Hilbertpolynom. Ferner sei $r \in R$ mit $v(r) = \mathrm{m}(H)$ gegeben. Dann ist nach 2.5

$$\mathfrak{m}^x \supseteq (r^x) \supseteq \mathfrak{m}^{x+c}$$

und $\mathrm{m}(R) \cdot x + \varrho \leq \mathrm{m}(H) \cdot x \leq \mathrm{m}(R) \cdot x + \mathrm{m}(R) \cdot c + \varrho$ für große x. Es folgt $\mathrm{m}(R) = \mathrm{m}(H)$.

Proposition 2.14. *Unter den Voraussetzungen von 2.4 wird jedes gebrochene Ideal von R von $\mathrm{m}(R)$ Elementen erzeugt. Speziell ist* $\mathrm{edim}(R) \leq \mathrm{m}(R)$, *wenn* $\mathrm{edim}(R)$ *die Minimalzahl von Erzeugenden von* $\mathfrak{m}$ *bedeutet. Der Führer $\mathfrak{f}$ von R nach V wird nicht von weniger als* $\mathrm{m}(R)$ *Elementen erzeugt.*

Zum Beweis der letzten Aussage beachte man, daß $v(\mathfrak{f}) = (c, c+1, \ldots, c+\mathrm{m}(H)-1)$ gilt. Sind $r_i \in R$ Elemente mit $v(r_i) = c + i$ $(i = 0, \ldots, \mathrm{m}(H)-1)$, dann ist $\mathfrak{f} = (r_0, \ldots, r_{\mathrm{m}(H)-1})$. Eine Beziehung $r_j = \sum_{\substack{i=0 \\ i \neq j}}^{m-1} s_i r_i (s_i \in R)$ kann nicht gelten, da sich nach der verschärften Summenregel für Bewertungen sofort ein Widerspruch ergibt.

Bemerkung 2.15. Man zeigt leicht: Ist $\mathfrak{a}$ ein Ideal von R, für das $v(\mathfrak{a})$ irreduzibel ist, dann ist $\mathfrak{a}$ irreduzibel. Die Umkehrung ist jedoch im allgemeinen falsch. Aus diesem Grund kann man aus der Kenntnis der irreduziblen Ideale von H wenig Rückschlüsse auf die irreduziblen Ideale von R ziehen.

Es sei jetzt R ein eindimensionaler noetherscher lokaler Ring mit dem maximalen Ideal $\mathfrak{m}$ und dem Restklassenkörper k. Bekanntlich gilt (vgl. etwa [11], Satz 3): Ist $x \in \mathfrak{m}$ ein Nichtnullteiler und ist r die Anzahl der irreduziblen Ideale $\mathfrak{a}_k$, die in einer unverkürzbaren Darstellung

$$(x) = \mathfrak{a}_1 \cap \cdots \cap \mathfrak{a}_r \tag{1}$$

von (x) als Durchschnitt irreduzibler Ideale auftreten, dann gilt

$$r = \dim_k \left(\mathrm{Hom}_k \left(R/\mathfrak{m}, R/(x) \right) \right).$$

Es sei $Q(R)$ der volle Quotientenring von R und

$$\mathfrak{m}^{-1} := \{ y \in Q(R) \mid y\mathfrak{m} \subseteq R \}.$$

Proposition 2.16. *Es gilt* $r = \dim_k (\mathfrak{m}^{-1}/R)$.

Beweis. Es ist klar, daß

$$\mathrm{Hom}_R \left(R/\mathfrak{m}, R/(x) \right) \cong \{ r \in R \mid \mathfrak{m}\, r \in (x) \} / (x)$$

ist. Andererseits ist $x \colon Q(R) \to Q(R)$ (die Multiplikation mit x) ein Isomorphismus von R-Moduln, da x Nichtnullteiler von R ist, und folglich

$$\dim_k (\mathfrak{m}^{-1}/R) = \dim_k \left((x)\,\mathfrak{m}^{-1}/(x) \right).$$

Man prüft leicht nach, daß $(x)\,\mathfrak{m}^{-1} = \{ r \in R \mid \mathfrak{m}\, r \in (x) \}$ ist.

Folgerung 2.17. *Die Anzahl r der irreduziblen Ideale in einer unverkürzbaren Darstellung* (1) *hängt nicht vom gewählten Nichtnullteiler x ab.*

Wir bezeichnen diese Invariante von R mit $\mathrm{r}(R)$.

Folgerung 2.18. *Unter den Voraussetzungen von 2.4 ist*

$$\mathrm{r}(R) \leqq \mathrm{r}(H).$$

Beweis. Ist M das maximale Ideal von H, so ist offensichtlich $v(\mathfrak{m}^{-1}) \subseteq M^-$. Daher ist nach 2.9 $\mathrm{r}(R) = l(\mathfrak{m}^{-1}/R)$ kleiner oder gleich der Anzahl der Elemente von M^-, die nicht zu H gehören. Nach § 1 ist diese Zahl gleich $\mathrm{r}(H)$.

Die Gleichheit braucht in 2.18 nicht zu gelten:

Beispiel 2.19. Man betrachte in $k[t]$ den Unterring

$$R = k[t^9 + t^{14},\ t^{11} + t^{12},\ t^{13},\ t^{15},\ t^{17},\ t^{18},\ t^{19},\ \ldots].$$

Man überlegt sich leicht, daß $2 \in M^-$, aber $2 \notin v(\mathfrak{m}^{-1})$. Daher ist $v(\mathfrak{m}^{-1})$ echt in M^- enthalten. Also ist nach 2.9 $r(R)$ $(= l(\mathfrak{m}^{-1}/R)$, die Anzahl der Elemente von $v(\mathfrak{m}^{-1})$, die nicht zu H gehören), kleiner als die Anzahl $r(H)$ der Elemente von M^-, die nicht zu H gehören.

Proposition 2.20. *Unter den Voraussetzungen von 2.4 gilt*

$$r(R) \leq m_f - 2l(R/f) + 1.$$

Genau dann gilt das Gleichheitszeichen, wenn $l(V/\mathfrak{m}^{-1}) = l(\mathfrak{m}/f)$ gilt.

Beweis. Man hat

$$f \subseteq \mathfrak{m} \subseteq R \subseteq \mathfrak{m}^{-1} \subseteq V, \quad V = f^{-1}.$$

Es folgt

$$l(\mathfrak{m}^{-1}/R) = l(V/R) - l(V/\mathfrak{m}^{-1})$$
$$l(\mathfrak{m}/f) = l(R/f) - l(R/\mathfrak{m}) = l(R/f) - 1$$
$$l(V/\mathfrak{m}^{-1}) \geq l(\mathfrak{m}/f) \quad \text{nach 2.12}.$$

Aus diesen Beziehungen folgen die Behauptungen von 2.20 unmittelbar.

Definition. Ein eindimensionaler noetherscher lokaler Ring R, dessen maximales Ideal $\mathfrak{m}$ einen Nichtnullteiler enthält, heißt ein *Gorensteinring*, wenn $r(R) = 1$ ist.

Proposition 2.21. *Unter den Voraussetzungen von 2.4 sind folgende Aussagen äquivalent:*

a) *R ist ein Gorensteinring.*

b) *$m_f = 2 \cdot l(R/f)$.*

c) *H ist symmetrisch.*

d) *$\mathfrak{m}^{-1}$ wird von 2 Elementen erzeugt.*

Beweis: a)$\leftrightarrow$b). Für einen Gorensteinring ist bekannt:

Sind $\mathfrak{a}_2 \subset \mathfrak{a}_1$ gebrochene Ideale, wobei $\mathfrak{a}_2$ einen Nichtnullteiler enthält, dann ist

$$l(\mathfrak{a}_1/\mathfrak{a}_2) = l(\mathfrak{a}_2^{-1}/\mathfrak{a}_1^{-1}) \qquad \text{(vgl. [6])}.$$

Speziell ist dann $l(V/\mathfrak{m}^{-1}) = l(\mathfrak{m}/f)$ und in 2.20 gilt die Gleichheit. Dann folgt b). Die Umkehrung b)$\rightarrow$a) ist nach 2.20 trivial.

b)$\leftrightarrow$c) ergibt sich aus 1.9, weil $m_f = c$ und $l(R/f)$ gleich der Zahl der Elemente von H ist, die $< c$ sind (2.4 und 2.10).

c) $\leftrightarrow$ d). Es ist $R \subseteq \mathfrak{m}^{-1}$ und $H \subseteq v(\mathfrak{m}^{-1}) \subseteq M^-$, wenn M das maximale Ideal von H ist. Ferner ist H echt in $v(\mathfrak{m}^{-1})$ enthalten.

Ist H symmetrisch, dann ist nach 1.9 $M^- = H \cup \{c-1\}$, also $v(\mathfrak{m}^{-1}) = M^-$ und $\mathfrak{m}^{-1}$ wird von 2 Elementen erzeugt (1.9 und 2.6).

Wird $\mathfrak{m}^{-1}$ von zwei Elementen erzeugt, so ist $\mathfrak{m}^{-1} = (1, x)$ mit $v(x) > 0$, $v(x) \notin H$, denn 0 ist der kleinste Wert in $\mathfrak{m}^{-1}$. Es folgt $\mathfrak{m}^{-1}/R \simeq R/\mathfrak{m}$ und $\mathrm{r}(R) = 1$ nach 2.16.

Proposition 2.22. *Unter den Voraussetzungen von 2.4 sind folgende Aussagen äquivalent:*

a) *Jedes Ideal von R wird von 2 Elementen erzeugt.*

b) $\mathrm{m}(R) \leq 2$.

c) *Jeder Ring R' mit $R \subseteq R' \subseteq V$ ist Gorensteinring.*

d) $v(R) = \langle 2, c+1 \rangle$ *oder* $v(R) = \mathbf{N}$.

e) *R ist Gorensteinring und* $\operatorname{edim} R = \mathrm{m}(R)$.

Dies folgt leicht aus 1.14 und 1.15.

Die folgende Liste enthält eine Zusammenstellung der bisher bewiesenen Beziehungen zwischen Invarianten eines Rings R, der den Voraussetzungen von 2.4 genügt, und Invarianten seiner Wertehalbgruppe:

1) $m_f = c$.

2) $\mu(\mathfrak{a}) \leq \mu(v(\mathfrak{a}))$ für jedes gebrochene Ideal $\mathfrak{a}$ von R.

3) $\mathrm{m}(R) = \mathrm{m}(H)$,

    $\mathrm{m}(R) = \operatorname{Max}(\mu(\mathfrak{a}))$, wenn $\mathfrak{a}$ alle gebrochenen Ideale von R durchläuft.

4) $\operatorname{edim}(R) \leq \operatorname{edim}(H)$.

5) $\mathrm{r}(R) \leq \mathrm{r}(H)$.

6) R Gorensteinring $\leftrightarrow H$ symmetrisch.

Ist $R = k[H]$ der im Beweis von 1.16 definierte Ring, dann gelten in 4) und 5) die Gleichheitszeichen.

Bemerkungen. a) Ist R ein beliebiger Cohen-Macaulay-Ring, so ist $\operatorname{edim}(R) \leq \mathrm{m}(R) + \dim(R) - 1$ (vgl. [1]). Dies verallgemeinert die zweite Aussage in 2.14.

b) Ist R ein eindimensionaler, reduzierter, noetherscher, lokaler Ring, dessen ganzer Abschluß $\overline{R}$ von R im vollen Quotientenring von R ein endlicher R-Modul ist, so folgt aus $1(\overline{R}/f) = 2 \cdot 1(R/f)$ aus der lokalen Dualitätstheorie von Grothendieck, daß R ein

Gorensteinring ist (vgl. den entsprechenden Hinweis bei Bass [4], § 6).

Allgemeiner sollte unter diesen Voraussetzungen auch die Beziehung

$$r(R) \leqq 1(\overline{R}/f) - 21(R/f) + 1$$

gelten.

c) Ein Teil der Aussagen von 2.22 wird in [4], § 7 verallgemeinert.

§ 3. Durch Bewertungen induzierte Filtrierungen

Ist R ein lokaler Unterring eines diskreten Bewertungsrings V, $\mathfrak{m}$ das maximale Ideal von R, M das maximale Ideal von V (also $\mathfrak{m} = M \cap R$) und wird

$$I_0 = R, \; I_n = M^n \cap R \quad (n \geq 1)$$

gesetzt, so definiert $\{I_n\}_{n \in \mathbf{N}}$ eine Filtrierung auf R (die im allgemeinen von der $\mathfrak{m}$-adischen Filtrierung von R verschieden ist).

$\mathrm{gr}(R) = \bigoplus\limits_{n=0}^{\infty} I_n/I_{n+1}$ sei der zugehörige graduierte Ring. Der Injektion $i\colon R \to V$ entspricht eine Injektion

$$\mathrm{gr}(i)\colon \mathrm{gr}(R) \to \mathrm{gr}(V).$$

Ist $R/\mathfrak{m} = k'$, $V/M = k$, so ist $\mathrm{gr}(V) = k[t]$ ein Polynomring in einer Variablen t über k und $\mathrm{gr}(R)$ ist eine graduierte k'-Unteralgebra von $k[t]$.

Es sei $\mathrm{gr}(R)_n$ der homogene Bestandteil vom Grad n von $\mathrm{gr}(R)$.

Lemma 3.1. $\mathrm{gr}(R)_n \neq 0$ *gilt genau dann, wenn* $n \in H = v(R)$ *ist. Sind* $0 = h_0 < h_1 < \cdots$ *die Elemente von* H, *so ist*

$$\mathrm{gr}(R) = \bigoplus\limits_{i=0}^{\infty} I_{h_i}/I_{h_{i+1}}.$$

Ist $k' = k$, *so schreibt sich* $\mathrm{gr}(R)$ *als Unterring von* $\mathrm{gr}(V) = k[t]$ *in der Form*

$$\mathrm{gr}(R) = \bigoplus\limits_{h \in H} k \cdot t^h.$$

$\mathrm{gr}(R)$ *ist dann als graduierte k-Algebra isomorph zur Halbgruppenalgebra* $k[H]$ *von* H.

Beweis. Die beiden ersten Aussagen folgen sofort aus $I_n = \{x \in R \mid v(x) \geq n\}$. Sind $r_1, r_2 \in R$, $v(r_1) = v(r_2)$, dann ist $r_1 = \varepsilon r_2$ mit einer Einheit $\varepsilon \in V$. Es gibt, falls $k' = k$, eine Einheit $\varepsilon' \in R$, mit $\varepsilon \equiv \varepsilon' \bmod M$. Es folgt $v(r_1 - \varepsilon' r_2) > v(r_1)$. Die Restklassen in $\mathrm{gr}\,(R)$ zweier Elemente gleichen Wertes unterscheiden sich somit nur um einen Faktor aus k'.

Bemerkung 3.2. Wir werden sehen, daß $\mathrm{gr}\,(R)$ gewisse Eigenschaften von R besser widerspiegelt als der zur $\mathfrak{m}$-adischen Filtrierung gehörige graduierte Ring. Ist (R, V) wie in Beispiel 2.2 gegeben, ist (R', V') ein weiteres solches Paar und setzt man voraus, daß alle 4 Ringe den Restklassenkörper k besitzen, so kann man zeigen: R und R' sind äquivalent (haben gleiche Wertehalbgruppe) genau dann, wenn $\mathrm{gr}\,(R)$ und $\mathrm{gr}\,(R')$ isomorphe k-Algebren sind.

R und V seien wie zu Beginn dieses Paragraphen gegeben, $0 = h_0 < h_1 < \cdots$ seien die Elemente von $H = v(R)$. Es sei $r \in I_{h_i}$, $r \notin I_{h_{i+1}}$.

Definition. Die Restklasse $r + I_{h_{i+1}} \in I_{h_i}/I_{h_{i+1}} \subseteq \mathrm{gr}\,(R)$ heißt die *Leitform* $\mathrm{L}\,(r)$ von r.

Beispiel 3.3. R sei lokaler Unterring eines formalen Potenzreihenrings $S = k[X_1, \ldots, X_n]$. Die Bewertung v sei wie in Beispiel 2.1 erklärt. Dann ist

$$\mathrm{gr}\,(R) \subseteq \mathrm{gr}\,(S) \subseteq \mathrm{gr}\,(V),$$

wobei $\mathrm{gr}\,(S) = k[X_1, \ldots, X_n]$ der Polynomring in $X_1, \ldots, X_n$ ist.

Schreibt man $r \in R$ als Potenzreihe in $X_1, \ldots, X_n$, dann ist $\mathrm{L}\,(r)$ gerade die Leitform dieser Potenzreihe, d.h. die Form niedrigsten Grades, die in der Potenzreihe auftritt.

Ist $k \subset R$, also $R/\mathfrak{m} = k$, dann ist $\mathrm{gr}\,(R)$ die k-Unteralgebra von $k[X_1, \ldots, X_n]$, die von den homogenen Polynomen $\mathrm{L}\,(r)$, $r \in R$ erzeugt wird.

Die folgenden Betrachtungen dienen als Vorbereitungen zum Beweis eines Satzes in § 4:

Es sei (R, V) wie in Beispiel 2.2 gegeben. Zusätzlich wird vorausgesetzt, daß R komplett ist, seinen Restklassenkörper k enthält und daß auch V den Restklassenkörper k besitzt. Dann ist $V = k[t]$ ein formaler Potenzreihenring. $i: R \to V$ sei die natürliche Injektion. $\widehat{\otimes}$ bezeichne das vollständige Tensorprodukt.

Lemma 3.4.

$$i \,\widehat{\otimes}\, i: R \,\widehat{\otimes}_k\, R \to k[t] \,\widehat{\otimes}_k\, k[t]$$

ist injektiv.

Beweis. $R/I_n \to k[t]/M^n$ ist injektiv, daher auch $R \otimes_k (R/I_n) \to k[t] \otimes_k (k[t]/M^n)$. Sind i_1, i_2 die natürlichen Abbildungen von R in $R \hat{\otimes}_k R$, so ist $R \otimes_k (R/I_n) = R \hat{\otimes}_k R/i_2(I_n) \cdot R \hat{\otimes}_k R$, analog $k[t] \otimes_k (k[t]/M^n) = k[t] \hat{\otimes}_k k[t]/i_2(M^n) \cdot k[t] \hat{\otimes}_k k[t]$. Somit ist für jedes n

$$R \hat{\otimes}_k R/i_2(I_n) \cdot R \hat{\otimes}_k R \to k[t] \hat{\otimes}_k k[t]/i_2(M^n) \cdot k[t] \otimes_k k[t]$$

injektiv. Wegen $\bigcap_{n=0}^{\infty} (i_2(I_n) \cdot R \hat{\otimes}_k R) = 0$ folgt die Injektivität von $i \hat{\otimes} i$.

Da $k[t] \hat{\otimes}_k k[t] = k[t, t']$ ein Potenzreihenring in 2 Variablen ist, wird auf $R \hat{\otimes}_k R$ eine wie in Beispiel 3.3 beschriebene Filtrierung induziert. i_1 und i_2 sind Homomorphismen gefilterter Ringe, die Injektionen

$$\mathrm{gr}(i_k): \mathrm{gr}(R) \to \mathrm{gr}(R \hat{\otimes}_k R) \subseteq \mathrm{gr}(k[t, t'])$$

induzieren.

$\mathrm{gr}(i_1)$ bildet die Elemente von $\mathrm{gr}(R)$ auf Polynome in

$$k[t] \subset k[t, t'] = \mathrm{gr}(k[t, t'])$$

ab, $\mathrm{gr}(i_2)$ auf Polynome in $k[t']$. Die natürliche Abbildung

$$\varphi: \mathrm{gr}(R) \otimes_k \mathrm{gr}(R) \to \mathrm{gr}(R \hat{\otimes}_k R)$$

ist daher injektiv.

Proposition 3.5. *φ ist bijektiv.*

Beweis. Wir zeigen, daß φ surjektiv ist. Aus

$$R \hat{\otimes}_k R/(i_1(\mathfrak{m}^\varrho), i_2(\mathfrak{m}^\varrho)) = R/\mathfrak{m}^\varrho \otimes_k R/\mathfrak{m}^\varrho$$

folgt

$$R \hat{\otimes}_k R = [i_1(R), i_2(R)] + (i_1(\mathfrak{m}^\varrho), i_2(\mathfrak{m}^\varrho)),$$

wobei $[i_1(R), i_2(R)]$ den von $i_1(R)$ und $i_2(R)$ erzeugten Unterring und $(i_1(\mathfrak{m}^\varrho), i_2(\mathfrak{m}^\varrho))$ das von $i_1(\mathfrak{m}^\varrho)$ und $i_2(\mathfrak{m}^\varrho)$ erzeugte Ideal von $R \hat{\otimes}_k R$ bedeutet.

Ist $\mathfrak{M} = (t, t')$ das maximale Ideal von $k[t, t']$, so ergibt sich aus $(i_1(\mathfrak{m}^\varrho), i_2(\mathfrak{m}^\varrho)) \subseteq \mathfrak{M}^\varrho$, daß die Leitformen der Elemente aus $R \hat{\otimes}_k R$ schon Leitformen von Elementen aus $[i_1(R), i_2(R)]$ sind.

Es bleibt daher zu zeigen: Die Leitform eines Elements

$$z = \sum_{j=1}^n i_1(r_j) \cdot i_2(r_j') \in [i_1(R), i_2(R)]$$

liegt in Bild (φ).

Es sei $L\left(i_1(r_j)\right) = \varkappa_j\, t^{\nu_j}$, $L\left(i_2(r_i')\right) = \lambda_j\, t'^{\mu_j}$ $(\varkappa_j,\, \lambda_j \in k,\ \varkappa_j,\, \lambda_j \neq 0)$ und $\varrho = \mathrm{Min}\,\{\nu_j + \mu_j\},\ j = 1, \ldots, n$.

Sind etwa $(\nu_1, \mu_1), \ldots, (\nu_m, \mu_m)$ die Paare von Indizes mit $\nu_j + \mu_j = \varrho$, dann ist der Grad von

$$L\left(\sum_{j=1}^{m} i_1(r_j) \cdot i_2(r_j)\right)$$

größer oder gleich ϱ. Ist er gleich ϱ, dann ist $\sum_{j=1}^{m} \varkappa_j \lambda_j\, t^{\nu_j} t'^{\mu_j}$ die Leitform von z und wir sind fertig.

Andernfalls muß $\sum_{j=1}^{m} \varkappa_j \lambda_j\, t^{\nu_j} t'^{\mu_j} = 0$ sein. Es folgen Gleichungen der Form

$$\sum \varkappa_j \lambda_j = 0,$$

wobei jeweils über die j summiert wird, für die alle ν_j gleich groß sind.

Wir verwenden diese Gleichungen, um z auf neue Weise zu schreiben. Ist nämlich etwa $\nu_1 = \cdots = \nu_l = \nu$, $\mu_1 = \cdots = \mu_l = \mu$ und $\sum_{j=1}^{l} \varkappa_j \lambda_j = 0$, so ergibt sich

$$\sum_{j=1}^{l} i_1(r_j) \cdot i_2(r_j') = \sum_{j=1}^{l} i_1\left(r_j - \frac{\varkappa_j}{\varkappa_l}\, r_l\right) \cdot i_2(r_j') + i_1(r_l) \cdot i_2\left(\sum_{j=1}^{l} \frac{\varkappa_j}{\varkappa_l}\, r_j'\right).$$

Die Grade der Leitformen von

$$r_j - \frac{\varkappa_j}{\varkappa_l}\, r_l \quad \text{und} \quad \sum_{j=1}^{l} \frac{\varkappa_j}{\varkappa_l}\, r_j'$$

sind größer als ν bzw. μ.

Man ändert die Darstellung von z so lange ab, bis man eine Darstellung erhält, für die ϱ mit dem Grad der Leitform von z übereinstimmt. Dann ist man nach dem oben Gesagten fertig.

Wir wollen jetzt eine Beziehung herstellen zwischen den Relationen eines Rings R und denen seiner Wertehalbgruppe H. (R, V) seien wie in 2.2 gegeben, R komplett, $k \subset R$ und R und V mögen den gleichen Restklassenkörper besitzen.

Es sei $\{n_1, \ldots, n_l\}$ ein Erzeugendensystem der Wertehalbgruppe H von R und $x_1, \ldots, x_l \in R$ seien Elemente mit $v(x_i) = n_i$ $(i = 1, \ldots, l)$. Wir betrachten den k-Algebrahomomorphismus

$$\varphi : k[X_1, \ldots, X_l] \to R, \quad \varphi(X_i) = x_i \quad (i = 1, \ldots, l).$$

Lemma 3.6. φ *ist surjektiv.*

Beweis. Die Potenzprodukte $x_1^{v_1} \ldots x_l^{v_l} \in R$ nehmen alle Werte aus H an. Da $k \subset R$ und R komplett ist, kann jedes Element in eine Potenzreihe in $x_1, \ldots, x_l$ mit Koeffizienten aus k entwickelt werden.

Wir führen auf $k[X_1, \ldots, X_l]$ folgende Filtrierung ein:

Einem Monom $X_1^{v_1} \ldots X_l^{v_l}$ wird der Grad $v_1 n_1 + \cdots + v_l n_l$ zugeordnet. Für jedes $n \in N$ wird gesetzt:

$$I_n := \{P \mid P \in k[X_1, \ldots, X_n],\ P \text{ enthält nur Monome vom Grad} \geqq n\}.$$

Die Ideale I_n machen $k[X_1, \ldots, X_n]$ zu einem gefilterten Ring und φ zu einem Homomorphismus von gefilterten Ringen.

Analog macht man $k[X_1, \ldots, X_l]$ zu einem graduierten Ring: Ein Polynom P ist homogen vom Grad h, wenn alle in P auftretenden Monome vom Grad h nach der obigen Definition sind. Mit dieser Graduierung wird $k[X_1, \ldots, X_l]$ zum graduierten Ring von $k[X_1, \ldots, X_l]$ mit der angegebenen Filtrierung.

Lemma 3.7. *R sei ein gefilterter Ring, M ein gefilterter Modul über dem gefilterten Ring R. $0 \to K \to M \overset{\varphi}{\to} N \to 0$ sei eine exakte Folge von R-Modulen und N trage die durch φ induzierte Filtrierung. Alle Filtrierungen seien separiert. Dann wird der Kern von*

$$\mathrm{gr}(\varphi) \colon \mathrm{gr}(M) \to \mathrm{gr}(N)$$

erzeugt von den Leitformen der Elemente aus K.

Beweis. Der Kern der natürlichen Abbildung $M_n/M_{n+1} \to N_n/N_{n+1}$ besteht aus den Restklassen $x + M_{n+1}\,(x \in M_n)$ mit $\varphi(x) \in N_{n+1}$. Es gibt dann ein $y \in M_{n+1}$ mit $\varphi(y) = \varphi(x)$, also $x - y \in K \cap M_n$.

Ist $x \notin M_{n+1}$, dann ist $x + M_{n+1} = (x - y) + M_{n+1}$ die Leitform von $x - y \in K$. Umgekehrt ist klar, daß die Leitformen der Elemente von K im Kern von $\mathrm{gr}(\varphi)$ liegen.

Bemerkung 3.8. Haben für $x \in M$ die Leitformen von x und $\varphi(x)$ denselben Grad, dann ist

$$\mathrm{gr}(\varphi)\,(\mathrm{L}(x)) = \mathrm{L}(\varphi(x)).$$

Wir wenden 3.7 an auf den in 3.6 betrachteten Homomorphismus. Wenn wir $\mathrm{gr}(k[X_1 \ldots X_l])$ mit $k[X_1, \ldots, X_l]$ und $\mathrm{gr}(R)$ mit $k[H]$ identifizieren, dann identifiziert sich $\mathrm{gr}(\varphi)$ mit dem k-Algebra-Homomorphismus

$$\mathrm{gr}(\varphi) \colon k[X_1, \ldots, X_l] \to k[H], \quad X_i \mapsto t^{n_i} \quad (i = 1, \ldots, l).$$

3.7 besagt nun, daß der Kern I von $\mathrm{gr}\,(\varphi)$ erzeugt wird von den Leitformen der Elemente von $\mathfrak{a} = \mathrm{Kern}\,(\varphi)$.

Proposition 3.9. $\{Q_1, \ldots, Q_m\}$ *sei ein Erzeugendensystem von* I, *bestehend aus homogenen Elementen und* $P_1, \ldots, P_m \in \mathfrak{a}$ *seien Potenzreihen, wobei* P_i *die Leitform* Q_i *besitzt* $(i = 1, \ldots, m)$. *Dann ist*

$$\mathfrak{a} = (P_1, \ldots, P_m).$$

Beweis. Es sei $P \in \mathfrak{a}$ und $Q \in I$ sei die Leitform von P. Dann hat man eine Darstellung

$$Q = H_1 Q_1 + \cdots + H_m Q_m$$

mit homogenen Elementen $H_1, \ldots, H_m \in k\,[X_1, \ldots, X_l]$.

Dann ist

$$P' = P - \sum_{i=1}^{m} H_i P_i \in \mathfrak{a}$$

und der Grad der Leitform $Q' = \mathrm{L}\,(P')$ ist größer als $\mathrm{Grad}\,(Q)$. Schreibt man

$$Q' = \sum_{i=1}^{m} H_i' Q_i$$

mit homogenen Elementen H_i', dann ist $\mathrm{Grad}\,(H_i') > \mathrm{Grad}\,(H_i)$ $(i = 1, \ldots, m)$. Es ist dann auch

$$P'' = P - \sum_{i=1}^{m} (H_i + H_i') P_i \in \mathfrak{a}$$

und der Grad von $\mathrm{L}\,(P'')$ ist größer als $\mathrm{Grad}\,(Q)$.

So fortfahrend konstruiert man Potenzreihen $G_1, \ldots, G_m$ mit

$$P - \sum_{i=1}^{m} G_i P_i \in \mathfrak{a},$$

$$P - \sum_{i=1}^{m} G_i P_i \in \bigcap_{n \in \mathbf{N}} I_n = 0.$$

Somit ist $P \in (P_1, \ldots, P_m)$.

Die Zahl

$$\mathrm{d}\,(R) := \mu\,(\mathfrak{a}) - l + 1$$

heißt die *Abweichung* von R. Sie ist unabhängig von einer speziellen Darstellung $R = k\,[X_1, \ldots, X_l]/\mathfrak{a}$. Bekanntlich heißt R ein *vollständiger Durchschnitt*, wenn $\mathrm{d}\,(R) = 0$ ist.

Aus der expliziten Bestimmung des Kerns von

$$k[X_1, \ldots, X_l] \to k[H], \quad X_i \to t^{n_i} \quad (i = 1, \ldots, l)$$

in [12] und aus 3.9 ergibt sich nun

Satz 3.10. *R sei ein lokaler, eindimensionaler kompletter Integritätsbereich, der seinen Restklassenkörper k enthält. Die ganze Abschließung V von R im Quotientenkörper von R besitze ebenfalls den Restklassenkörper k. H sei die Wertehalbgruppe von R. Dann gilt:*

a) $d(R) \leqq d(H)$.

b) *Ist $R = k[H]$, dann ist* $d(R) = d(H)$.

c) *Ist H vollständiger Durchschnitt, dann auch R.*

Korollar 3.11. *Ist H vollständiger Durchschnitt, dann ist H symmetrisch.*

Beweis. Ist H vollständiger Durchschnitt, dann auch $k[H]$. Da ein vollständiger Durchschnitt immer auch Gorensteinring ist, ist H symmetrisch nach 2.21.

Wir werden in § 5 (S. 64) ein Beispiel für einen Ring R angeben, der vollständiger Durchschnitt ist, ohne daß seine Wertehalbgruppe H ein vollständiger Durchschnitt ist.

§ 4. Über die Dedekindsche (Noethersche) Differente eindimensionaler lokaler Ringe

Es sei k ein Körper, R ein eindimensionaler kompletter lokaler Integritätsbereich, der k umfaßt und k als Restklassenkörper besitzt. $\mathfrak{m}$ sei das maximale Ideal von R, V die ganze Abschließung von R in seinem Quotientenkörper. V besitze ebenfalls den Restklassenkörper k; V ist dann ein formaler Potenzreihenring $k[t]$ in einer Variablen t.

Für jedes $x \in \mathfrak{m}$, $x \neq 0$ hat man einen injektiven Homomorphismus

$$i: k[X] \to R, \quad i(X) = x,$$

wobei $k[X]$ ebenfalls ein formaler Potenzreihenring ist, und R ist ganz über dem Bild $k[x]$ von i (ein endlich erzeugter freier $k[x]$-Modul).

Die Noethersche Differente $\mathfrak{D}_N(R/k[x])$ ist wie folgt definiert:

Es sei $\mathfrak{N}$ der Kern der kanonischen Abbildung

$$\mu\colon R\otimes_{k[x]}R\to R$$

und $\mathfrak{A}$ der Annullator von $\mathfrak{N}$ als $R\otimes_{k[x]}R$-Modul.

Dann ist $\mathfrak{D}_N(R/k[x])=\mu(\mathfrak{A})$.

Wir wollen diese Differente mit $\mathfrak{D}_N(\mathrm{gr}(R)/k[\xi])$ vergleichen, wenn $\mathrm{gr}(R)$ der graduierte Ring bez. der durch V induzierten Filtrierung von R ist, und $\xi=\mathrm{L}(x)$ die Leitform von ξ.

Proposition 4.0. *Ist* $d\in\mathfrak{D}_N(R/k[x])$, *dann ist*

$$\mathrm{L}(d)\in\mathfrak{D}_N(\mathrm{gr}(R)/k[\xi]).$$

Beweis. Mit den Bezeichnungen von § 3 ist

$$R\otimes_{k[x]}R=R\,\hat{\otimes}_k\,R/(i_1(x)-i_2(x)).$$

Sind $\mu'\colon R\,\hat{\otimes}_k\,R\to R$, $\mu\colon R\otimes_{k[x]}R\to R$ die kanonischen Homomorphismen, so hat man ein kommutatives Diagramm mit exakten Zeilen

$$
\begin{array}{ccc}
0 & & 0 \\
\downarrow & & \downarrow \\
(i_1(x)-i_2(x)) & =\!\!=\!\!= & (i_1(x)-i_2(x)) \\
\downarrow & & \downarrow \\
0\to(i_1(r)-i_2(r))_{r\in R}\to R\,\hat{\otimes}_k\,R & \xrightarrow{\ \mu'\ } & R\to 0 \\
\downarrow & \downarrow\varphi & \| \\
0\to(r\otimes 1-1\otimes r)_{r\in R}\to R\otimes_{k[x]}R & \xrightarrow{\ \mu\ } & R\to 0 \\
\downarrow & & \downarrow \\
0 & & 0
\end{array}
$$

Es sei $\mathfrak{N}'=(i_1(r)-i_2(r))_{r\in R}$, $\mathfrak{N}=(r\otimes 1-1\otimes r)_{r\in R}$ und $\mathfrak{A}'$ bzw. $\mathfrak{A}$ seien die Annullatoren dieser Ideale. Dann ist

$$\varphi^{-1}(\mathfrak{A})=(i_1(x)-i_2(x))\colon\mathfrak{A}'$$

und folglich

$$\mathfrak{D}_N(R/k[x])=\mu'\big((i_1(x)-i_2(x))\colon\mathfrak{A}'\big).$$

Man hat andererseits ein kommutatives Diagramm

$$
\begin{array}{ccc}
k[t,t'] & \xrightarrow{\ t\to t,\,t'\to t\ } & k[t] \\
\uparrow & & \uparrow \\
R\,\hat{\otimes}_k\,R & \xrightarrow{\quad\mu'\quad} & R
\end{array}
$$

und einen induzierten Homomorphismus der graduierten Ringe

$$\mathrm{gr}(\mu')\colon\mathrm{gr}(R)\otimes_k\mathrm{gr}(R)\to\mathrm{gr}(R),$$

der mit dem „Multiplikationshomomorphismus" übereinstimmt.

Es ist

$$\widetilde{\mathfrak{R}} := \mathrm{Kern}\,(\mathrm{gr}\,(\mu')) = (\varrho \otimes 1 - 1 \otimes \varrho)_{\substack{\varrho \in \mathrm{gr}(R) \\ \varrho \text{ homogen}}}$$

und

$$\mathfrak{D}_N\,(\mathrm{gr}\,(R)/k\,[\xi]) = \mathrm{gr}\,(\mu')\,((\xi \otimes 1 - 1 \otimes \xi) : \widetilde{\mathfrak{R}}).$$

Ist nun $d = \mu'(z)$, $z \in (i_1(x) - i_2(x)) : \mathfrak{A}'$, also

$$z \cdot (i_1(r) - i_2(r)) \in (i_1(x) - i_2(x)) \quad \text{für alle} \quad r \in R,$$

dann ist

$$\mathrm{L}(z) \cdot (\mathrm{L}(i_1(r)) - \mathrm{L}(i_2(r))) \in (\mathrm{L}(i_1(x)) - \mathrm{L}(i_2(x))) \quad \text{für alle} \quad r \in R$$

und daher

$$\mathrm{L}(z)\,(\varrho \otimes 1 - 1 \otimes \varrho) \in (\xi \otimes 1 - 1 \otimes \xi)$$

für alle homogenen Elemente $\varrho \in \mathrm{gr}\,(R)$. Es folgt

$$\mathrm{L}(d) = \mathrm{gr}\,(\mu)\,(\mathrm{L}(z)) \in \mathfrak{D}_N\,(\mathrm{gr}\,(R)/k\,[\xi]), \quad \text{q.e.d.}$$

Es sei v die zu $V = k\,[t]$ gehörige Bewertung. Da $\mathrm{gr}\,(R) = k\,[H] \subseteq k\,[t]$ ist und $k\,[t] \subseteq k\,[t]$, können wir v auf die Elemente von $\mathrm{gr}\,(R)$ anwenden. Ein Element aus R und seine Leitform haben dann natürlich den gleichen Wert.

Korollar 4.1.

$$v\,(\mathfrak{D}_N\,(R/k\,[x])) \leq v\,(\mathfrak{D}_N\,(\mathrm{gr}\,(R)/k\,[\xi])).$$

Wir werden jetzt das Werteideal von $\mathfrak{D}_N\,(\mathrm{gr}\,(R)/k\,[\xi])$ genauer bestimmen und dadurch eine Abschätzung für das Werteideal von $\mathfrak{D}_N\,(R/k\,[x])$ erhalten. Hierfür empfiehlt es sich, von der Noetherschen zur Dedekindschen Differente überzugehen:

Es sei L der Quotientenkörper von R, K der Quotientenkörper von $k\,[x]$ und $\sigma_{L/K} : L \to K$ die Spurabbildung. Die Dedekindsche Differente $\mathfrak{D}_D\,(R/k\,[x])$ ist wie folgt definiert: Man bildet zunächst den „Komplementärmodul":

$$\mathfrak{L}\,(R/k\,[x]) = \{y \in L \mid \sigma_{L/K}\,(y\,R) \subseteq k\,[x]\}$$

und setzt

$$\mathfrak{D}_D\,(R/k\,[x]) := \mathfrak{L}\,(R/k\,[x])^{-1} = \{z \in L \mid z \cdot \mathfrak{L}\,(R/k\,[x]) \subseteq R\}.$$

Es ist bekannt (vgl. [7]), daß unter unseren Voraussetzungen

$$\mathfrak{D}_D\,(R/k\,[x]) = \mathfrak{D}_N\,(R/k\,[x])$$

und

$$\mathfrak{D}_D\left(\mathrm{gr}\,(R)/k\,[\xi]\right) = \mathfrak{D}_N\left(\mathrm{gr}\,(R)/k\,[\xi]\right)$$

gilt.

Wir identifizieren $\mathrm{gr}\,(R)$ gemäß 3.1 mit dem Unterring $k\,[H] = \bigoplus_{h\in H} kt^h$ von $k\,[t]$. Es sei $s = v(x) = v(\xi)$ und $s \not\equiv 0 \bmod p$, wenn $p = \mathrm{char}\,k$ ist. Unter dieser Voraussetzung ist der Quotientenkörper $L = k\,(t)$ von $\mathrm{gr}\,(R)$ separabel algebraisch über dem Quotientenkörper $K = k\,(t^s)$ von $k\,[\xi] = k\,[t^s]$. Für ein Element $z \in L$ berechnet man die Spur in K wie folgt ([2], Chap. V, 2.):

Man schreibe

$$z = \frac{1}{s\,t^{s-1}}\,(a + a_1 t + \cdots + a_{s-1}t^{s-1}), \qquad a_i \in K.$$

Dann ist $\sigma_{L/K}(z) = a_{s-1}$.

Lemma 4.2. *Es sei $h \in H$, $h \notin (s) = s + H$. Dann ist h das kleinste Element aus H in der Restklasse $h \bmod s \in \mathbf{Z}/s$. Die Elemente aus $H\backslash(s)$ repräsentieren die verschiedenen Restklassen von $\mathbf{Z}/s$.*

Beweis. Angenommen $h' \equiv h \bmod s$, $h' \in H$. Dann ist $h' = h + z \cdot s$. Wäre $z < 0$, dann folgte

$$h = s + h' + (-z - 1) \cdot s \in (s)$$

im Widerspruch zur Annahme $h \notin (s)$.

Aus Lemma 4.2 folgt nun

$$\begin{aligned}
\mathfrak{L}\left(\mathrm{gr}\,(R)/k\,[\xi]\right) &= \{z \in L \mid \sigma_{L/K}(z \cdot t^h) \in k\,[\xi]\ \text{für alle}\ h \in H\} \\
&= \{z \in L \mid \sigma_{L/K}(z \cdot t^h) \in k\,[\xi]\ \text{für alle}\ h \in H\backslash(s)\},
\end{aligned}$$

denn ist $h' = h + g \cdot s\,(h \in H\backslash(s),\, g \in \mathbf{N})$, so ist

$$\sigma_{L/K}(zt^{h'}) = \sigma_{L/K}\left(z\,(t^s)^g \cdot t^h\right) = (t^s)^g \cdot \sigma_{L/K}(z \cdot t^h).$$

Ist $h \in H\backslash(s)$, so schreiben wir

$$h = g_i \cdot s + i \qquad (0 \leqq i < s, \quad g_i \in \mathbf{N}),$$

wenn h zur Restklasse $i \bmod s$ gehört. Speziell ist $g_0 = 0$. Aus der Darstellung (1) von z ergibt sich

$$z \cdot t^h = z\,(t^s)^i t^i = \frac{1}{s\,t^{s-1}}\,(b_0 + b_1 t + \cdots + b_{s-2}t^{s-2} + a_{s-1-i}(t^s)^{g_i}t^{s-1})$$

mit gewissen $b_0, \ldots, b_{s-2} \in k\,(t^s)$ und daher

$$\sigma_{L/K}(zt^h) = a_{s-1-i} \cdot (t^s)^{g_i}.$$

Es ergibt sich

$$\mathfrak{L}\left(\mathrm{gr}\,(R)/k\,[\xi]\right)=\frac{1}{t^s}\left(k\,[t^s]\cdot\frac{1}{(t^s)^{g_{s-1}}}\oplus k\,[t^s]\cdot\frac{t}{(t^s)^{g_{s-2}}}\oplus\cdots\oplus k\,[t^s]\cdot t^{s-1}\right)$$

$$=\bigoplus_{h\in H\setminus(s)}k\,[t^s]\cdot t^{-h}. \tag{2}$$

Zur Bestimmung von

$$\mathfrak{D}_D\left(\mathrm{gr}\,(R)/k\,[\xi]\right)=\{z\in\mathrm{gr}\,(R)\,|\,z\cdot\mathfrak{L}\left(\mathrm{gr}\,(R)/k\,[\xi]\right)\leq\mathrm{gr}\,(R)\}$$

genügt es, die $z=t^{h'}$ mit $h'\in H$ zu betrachten.

Wir setzen:

$$D\,(H/s):=\bigcap_{h\in H\setminus(s)}(h)$$

und nennen dieses Ideal aus H die *Dedekindsche Differente von H bez. s.*

Aus der obigen Darstellung (2) folgt dann unmittelbar

Proposition 4.3. *Es sei* $p=\mathrm{char}\,k$ *und* $s=v(x)=v(\xi)$. *Ist* $s\not\equiv 0\bmod p$, *so ist*

$$\mathfrak{D}_D\left(\mathrm{gr}\,(R)/k\,[\xi]\right)=\bigoplus_{h\in D(H/s)}k\cdot t^h.$$

Speziell ist $v\left(\mathfrak{D}_D\left(R/k\,[x]\right)\right)\subseteq D\,(H/s)=v\left(\mathfrak{D}_D\left(\mathrm{gr}\,(R)/k\,[\xi]\right)\right)$.

Wir beschreiben $D\,(H/s)$ noch genauer:

Proposition 4.4. *Es sei* $s\in H,\ s\neq 0$.

a) *Falls H symmetrisch ist, ist* $D\,(H/s)=(s+c-1)$.

b) *Wenn H nicht symmetrisch ist, dann ist*

$$D\,(H/s)\subseteq(s+c-1)\setminus\{s+c-1\}.$$

In diesem Fall ist $D\,(H/s)$ *kein Hauptideal.*

Beweis. Da $s+c-1\in H\setminus(s)$ ist, folgt aus der Definition von $D\,(H/s)$, daß

$$D\,(H/s)\subseteq(s+c-1)$$

ist.

a) H sei symmetrisch. Für $h\notin(s)$, also $h-s\notin H$ ergibt sich dann $c-1-(h-s)\in H$, also $c-1+s\in(h)$ und $c-1+s\in D\,(H/s)$, mithin $D\,(H/s)=(s+c-1)$.

b) Ist H nicht symmetrisch, dann gibt es ein $x\in\{0,\ldots,c-1\}$, $x\notin H$ mit $c-1-x\notin H$. Andererseits schreibt sich

$$x=k\cdot s+h$$

mit einem $h \in H \backslash (s)$, $k \in \mathbf{Z}$. Wegen $x \notin H$ ist $k < 0$. Es folgt

$$c - 1 - k \cdot s \notin (h)$$

und weil $-k \geq 1$ ist, folgt $c - 1 + s \notin (h)$, also $c - 1 + s \notin D(H/s)$.

c) Es bleibt noch zu zeigen, daß $D(H/s)$ im Fall b) kein Hauptideal ist. Wir zeigen zuerst:

Ist $h \geq s + 2c - 1$, dann ist $h \in D(H/s)$.

Denn ist $h' \in H \backslash (s)$, dann ist $h' \leq s + c - 1$, also $h - h' \geq s + 2c - 1 - h' \geq c$ und damit $h \in (h')$, folglich $h \in D(H/s)$.

Die Behauptung folgt nun aus

Lemma 4.5. *Ist I ein Ideal von H, dessen Elemente größer als $a \in H$ sind und ist $a + c + N \subseteq I$, dann ist I kein Hauptideal.*

Beweis. Angenommen, $I = (h)$. Dann ist $h + c - 1 \notin I$, aber $h + c - 1 > a + c - 1$, ein Widerspruch zur Annahme $a + c + N \subset I$.

Folgerung 4.6. *Unter den Voraussetzungen von 4.3 gilt:*

a) *Ist H symmetrisch, dann ist $\mathfrak{D}_D(\mathrm{gr}\,(R)/k\,[\xi]) = (t^{s+c-1})$.*

b) *Ist H nicht symmetrisch, dann ist $\mathfrak{D}_D(\mathrm{gr}\,(R)/k\,[\xi])$ echt enthalten in (t^{s+c-1}). In diesem Fall ist $\mathfrak{D}_D(\mathrm{gr}\,(R)/k\,[\xi])$ kein Hauptideal.*

Wir wollen nun 4.6 in der Weise verallgemeinern, daß wir zu einer Charakterisierung der Gorensteinringe durch die Dedekindsche (Noethersche) Differente gelangen.

Proposition 4.7. a) *Unter den am Anfang dieses Paragraphen angegebenen Voraussetzungen sei f der Führer von R nach V. Dann gilt*

$$\mathfrak{D}_D(R/k\,[x]) \cdot V \subseteq f \cdot \mathfrak{D}_D(V/k\,[x]). \qquad (3)$$

b) *Es sei* char $k = p$. *Dann sind folgende Aussagen äquivalent:*

α) *R ist ein Gorensteinring.*

β) *Für jedes $x \in \mathfrak{m}$ mit $v(x) \not\equiv 0 \bmod p$, gilt in (3) das Gleichheitszeichen.*

γ) *Es gibt ein $x \in \mathfrak{m}$ mit $v(x) \not\equiv 0 \bmod p$, so daß in (3) das Gleichheitszeichen gilt.*

Beweis. a) gilt nach [5], Lemma 9.5. Dort wird auch bewiesen, daß in (3) das Gleichheitszeichen gilt, wenn der Komplementärmodul $\mathfrak{L}(R/k\,[x])$ invertierbar ist. Ist R ein Gorensteinring, dann ist jedes gebrochene R-Ideal invertierbar, insbesondere also

$\mathfrak{L}(R/k[x])$. (Unter der Voraussetzung $v(x) \not\equiv 0 \bmod p$ ergeben sich diese Aussagen auch aus 3.3 und 3.6, wenn man berücksichtigt, daß c der minimale Wert eines Elements von f ist und $v(x) - 1$ der minimale Wert eines Elements von $\mathfrak{D}_D(V/k[x])$.)

Es sei jetzt $x \in \mathfrak{m}$, $v(x) \not\equiv 0 \bmod p$ und in (3) gelte das Gleichheitszeichen. Wäre R kein Gorensteinring, dann wäre H nicht symmetrisch, also nach 4.4 $c + v(x) - 1$ kein Wert eines Elements aus $\mathfrak{D}_D(R/k[x]) \cdot V$, ein Widerspruch.

Lemma 4.8. *$P \subseteq R \subseteq S$ seien kommutative Ringe mit 1. Die kanonische Abbildung $R \otimes_P R \to S \otimes_P S$ sei injektiv (z. B. wenn R und S flach über P sind). Ist f der Führer von R nach S, dann ist*

$$f^2 \cdot \mathfrak{D}_N(S/P) \subseteq \mathfrak{D}_N(R/P).$$

Beweis. Es sei $z \in S \otimes_P S$, $z(s \otimes 1 - 1 \otimes s) = 0$ für alle $s \in S$. Sind $f_1, f_2 \in f$, dann ist $(f_1 \otimes f_2) \cdot z \in R \otimes_P R$ und

$$(f_1 \otimes f_2) z(r \otimes 1 - 1 \otimes r) = 0 \quad \text{für alle} \quad r \in R.$$

Mit $\mu: S \otimes_P S \to S$ ergibt sich $f_1 \cdot f_2 \cdot \mu(z) = \mu((f_1 \cdot f_2)z) \in \mathfrak{D}_N(R/P)$. Da $\mu(z)$ ein beliebiges Element von $\mathfrak{D}_N(S/P)$ sein kann, ist das Lemma bewiesen.

Satz 4.9. *Unter den zu Anfang des Paragraphen angegebenen Bedingungen sind folgende Aussagen äquivalent:*

a) *R ist ein Gorensteinring.*

b) *Für jedes $x \in \mathfrak{m}$ mit $v(x) \not\equiv 0 \bmod p$ ($p = \mathrm{char}\, k$) ist $\mathfrak{D}_N(R/k[x])$ ein Hauptideal.*

c) *Es gibt ein $x \in \mathfrak{m}$ mit $v(x) \not\equiv 0 \bmod p$, so daß $\mathfrak{D}_N(R/k[x])$ ein Hauptideal ist.*

Beweis. Wenn R Gorensteinring ist und $x \in \mathfrak{m}$ mit $s = v(x) \not\equiv 0 \bmod p$ gegeben ist, dann ist nach 4.1 und 4.6

$$v(\mathfrak{D}_D(R/k[x])) \leq (s + c - 1).$$

Nach 4.7 b) ist $s + c - 1 \in v(\mathfrak{D}_D(R/k[x]))$ und daher

$$v(\mathfrak{D}_D(R/k[x])) = (s + c - 1).$$

Nach 2.7 ist $\mathfrak{D}_D(R/k[x])$ ein Hauptideal.

Es sei jetzt ein $x \in \mathfrak{m}$ mit $s = v(x) \not\equiv 0 \bmod p$ gegeben und $\mathfrak{D}_D(R/k[x])$ sei ein Hauptideal. Ist R kein Gorensteinring, dann sind die Werte aus $v(\mathfrak{D}_D(R/k[x]))$ größer als $s + c - 1$ nach 4.1

und 4.6. Andererseits ist nach 4.8 aber $f^2 \cdot \mathfrak{D}_D(V/k[x]) \subseteq \mathfrak{D}_D(R/k[x])$ und daher enthält $v(\mathfrak{D}_D(R/k[x]))$ alle $z \in \mathbf{Z}$ mit $z \geqq s + 2c - 1$. Nach 4.5 kann $v(\mathfrak{D}_D(R/k[x]))$ kein Hauptideal sein, ein Widerspruch.

Bemerkungen. a) Mit geringfügigen Modifikationen lassen sich die Betrachtungen dieses Paragraphen auch unter folgenden Voraussetzungen durchführen:

1) k ist ein bewerteter Körper, R Restklassenring eines konvergenten Potenzreihenrings über k. R ist Integritätsbereich, $\dim R = 1$; $\mathfrak{m}$ ist das maximale Ideal von R. Ist der Restklassenkörper der ganzen Abschließung V von R im Quotientenkörper ebenfalls $= k$, so ist $V = k\{t\}$ ein konvergenter Potenzreihenring in einer Variablen t.

Für jedes $x \in \mathfrak{m}$, $x \neq 0$ hat man eine Injektion

$$i: k\{X\} \to R, \quad i(X) = x$$

und R ist ganz über dem Bild $k\{x\}$ von i in R.

2) k ist ein Körper und R der lokale Ring eines eindimensionalen affinen Integritätsbereichs $k[x_1, \ldots, x_n]$ nach einem maximalen Ideal. R ist analytisch irreduzibel und besitzt den Restklassenkörper k. Die ganze Abschließung V von R im Quotientenkörper ist ein diskreter Bewertungsring, sein Restklassenkörper sei ebenfalls k. Ist $\mathfrak{m}$ das maximale Ideal von R, $x \in \mathfrak{m}$, $x \neq 0$, so ist R ganz über $k[x]_{\mathfrak{p}}$, wenn $\mathfrak{p} = \mathfrak{m} \cap k[x]$.

Im Fall 1) erhält man Aussagen über $\mathfrak{D}_D(R/k\{x\})$, im Fall 2) über $\mathfrak{D}_D(R/k[x]_{\mathfrak{p}})$.

b) Es sei R ein lokaler Integritätsbereich und P ein regulärer lokaler Ring mit $P \subseteq R$, so daß R ganz ist über P. Sind $K \subseteq L$ die Quotientenkörper von P bzw. R und ist $\sigma: L \to K$ eine nichttriviale K-lineare Abbildung, so definiert man mit σ den Komplementärmodul $\mathfrak{L}(R/P)$. (Ist L/K separabel algebraisch, dann kann man für σ die gewöhnliche Spur $\sigma_{L/K}$ nehmen.)

Aus der lokalen Dualitätstheorie von Grothendieck kann man schließen:

Ist R ein Cohen-Macaulay-Ring, so ist R ein Gorensteinring genau dann, wenn $\mathfrak{L}(R/P)$ ein gebrochenes R-Hauptideal ist.

Ist dies der Fall, dann ist natürlich auch die Differente $\mathfrak{L}(R/P)^{-1}$ ein Hauptideal. Dies verallgemeinert einen Teil von Satz 4.9. Ist R ganz abgeschlossen, Cohen-Macaulay-Ring und $\mathfrak{L}(R/P)^{-1}$ ein Hauptideal, dann folgt, daß auch das $\mathfrak{L}(R/P)$ ein gebrochenes Hauptideal ist, da $\mathfrak{L}(R/P)$ ein Divisor ist. Es bleibt das Problem, ob immer, wenn $\mathfrak{L}(R/P)^{-1}$ Hauptideal ist, auch $\mathfrak{L}(R/P)$ Hauptideal ist, also R Gorensteinring, was die volle Aussage von 4.9 verallgemeinern würde.

Es gibt ein Beispiel von Grothendieck, in dem R kein Cohen-Macaulay-Ring ist, aber trotzdem $\mathfrak{L}(R/P)$ Hauptideal.

§ 5. Über die Kählersche Differente eindimensionaler lokaler Ringe

Wir wollen jetzt ähnliche Betrachtungen über die Kählersche Differente anstellen wie in § 4 über die Dedekind-Noethersche Differente. Als typischen Fall beschränken wir uns dabei wieder auf komplette Ringe.

Es sei $R = k[X_1, \ldots, X_l]/\mathfrak{p}$ der Restklassenring eines formalen Potenzreihenrings $k[X_1, \ldots, X_l]$ nach einem Primideal $\mathfrak{p}$. Ist $\dim R = d$ und $t_1, \ldots, t_d$ ein Parametersystem von R, dann hat man eine Injektion

$$k[t_1, \ldots, t_d] \to R$$

und R ist ganz über $k[t_1, \ldots, t_d]$. K sei der Quotientenkörper von R. K heißt *analytisch separabel* über k, wenn es ein Parametersystem $t_1, \ldots, t_d$ von R gibt, so daß K separabel algebraisch ist über dem Quotientenkörper $k((t_1, \ldots, t_d))$ von $k[t_1, \ldots, t_d]$ (vgl. [8]).

Es sei $D_k(R)$ der (universell endliche) Differentialmodul von R über k (vgl. [8]). Ist $P_1, \ldots, P_m$ ein Erzeugendensystem des Kerns $\mathfrak{p}$ von

$$\varphi \colon k[X_1, \ldots, X_l] \to R, \quad x_i = \varphi(X_i),$$

so ist

$$D_k(R) = \bigoplus_{i=1}^{l} R\, dX_i/U,$$

wobei U der Untermodul von $\bigoplus_{i=1}^{l} R\, dX_i$ ist, der von den Elementen

$$\sum_{i=1}^{l} \frac{\partial P_k}{\partial x_i}\, dX_i \quad (k = 1, \ldots, m), \quad \frac{\partial P}{\partial x_i} = \varphi\left(\frac{\partial P}{\partial X_i}\right)$$

erzeugt wird. Man hat ferner eine exakte Folge

$$0 \to R\, dt_1 + \cdots + R\, dt_d \to D_k(R) \to D_{k[t_1, \ldots, t_d]}(R) \to 0. \qquad (1)$$

Wir werden den folgenden Satz von Ferrand [10] und Vasconcelos [15] verwenden:

Satz. *K sei analytisch separabel über k. Genau dann ist R ein vollständiger Durchschnitt, wenn* proj. dim $D_k(R) \leq 1$ *ist.*

Die Kählersche Differente $\mathfrak{D}_K(R/k[t_1, \ldots, t_d])$ ist wie folgt definiert: Man schreibe

$$dt_j = \sum_{i=1}^{l} r_{ji}\, dx_i \quad \text{in} \quad D_k(R).$$

Dann ist $\mathfrak{D}_K(R/k[t_1, \ldots, t_d])$ das Ideal in R, das von allen l-reihigen Unterdeterminanten der Matrix

$$\begin{pmatrix} \dfrac{\partial P_k}{\partial x_i} \\ r_{ji} \end{pmatrix}_{\substack{i=1,\ldots,l \\ k=1,\ldots,m \\ j=1,\ldots,d}} \quad (i \text{ Spaltenindex})$$

erzeugt wird.

Satz 5.1. *Folgende Aussagen sind unter der Voraussetzung, daß K analytisch separabel über k ist, äquivalent:*

a) *R ist vollständiger Durchschnitt.*

b) *Für jedes Parametersystem $t_1, \ldots, t_d$ von R, für das k separabel algebraisch ist über $k((t_1, \ldots, t_d))$, ist $\mathfrak{D}_K(R/k[t_1, \ldots, t_d])$ ein Hauptideal.*

c) *Es gibt ein Parametersystem $t_1, \ldots, t_d$ von R, für das b) gilt.*

Beweis. a) $\to$ b) $\to$ c) sind trivial.

Wenn c) erfüllt ist, dann betrachten wir die exakte Folge (1). Durch Tensorierung mit K erhalten wir eine exakte Folge

$$K\, dt_1 + \cdots + K\, dt_d \to D_k(K) \to D_{k((t_1, \ldots t_d))}(K) = 0.$$

Da $D_k(K)$ den Rang d hat, sind $dt_1, \ldots, dt_d$ linear unabhängig, $R\, dt_1 + \cdots + R\, dt_d$ ist somit ein freier R-Modul.

$D_{k[t_1, \ldots t_d]}(R)$ ist ein R-Modul endlicher Länge. Da $\mathfrak{D}_K(R/k[t_1, \ldots, t_d])$ ein Hauptideal ist, ist nach [5], Lemma 6

$$\text{proj. dim } D_{k[t_1 \ldots t_d]}(R) \leq 1.$$

Aus der Folge (1) ergibt sich

$$\text{proj. dim } D_k(R) \leq 1$$

und R ist vollständiger Durchschnitt.

Wir wollen für den Rest des Paragraphen nun wieder voraussetzen, daß dim $R = 1$ ist und daß die ganze Abschließung V von R in seinem Quotientenkörper ebenfalls den Restklassenkörper k besitzt. Es sei $p = \operatorname{char} k$.

Aus 5.1 folgt zunächst unter diesen Voraussetzungen:

Korollar 5.2. *Folgende Aussagen sind äquivalent:*

a) *R ist vollständiger Durchschnitt.*

b) *R ist Gorensteinring und für jedes $x \in \mathfrak{m}$ mit $v(x) \not\equiv 0 \bmod p$ ist $\mathfrak{D}_K(R/k[x]) = \mathfrak{D}_D(R/k[x])$.*

Beweis. Die Übereinstimmung von $\mathfrak{D}_K$ und $\mathfrak{D}_D$ für vollständige Durchschnitte wurde in [13] gezeigt. Aus 4.9 und 5.1 folgt, daß umgekehrt auch b) die Aussage a) impliziert.

Es sei nun wieder $\{n_1, \ldots, n_l\}$ ein Erzeugendensystem für die Wertehalbgruppe H von R und

$$\chi: k[X_1, \ldots, X_l] \to k[H], \quad \chi(X_i) = t^{n_i}$$

der in § 3 eingeführte Epimorphismus. Wir denken uns $k[X_1, \ldots, X_l]$ mit der in § 3 definierten Graduierung versehen. Für

$$Q \in k[X_1, \ldots, X_l] \quad \text{sei} \quad \frac{\partial Q}{\partial t^{n_i}} = \chi\left(\frac{\partial Q}{\partial X_i}\right).$$

Lemma 5.3. *$Q_1, \ldots, Q_m$ seien homogene Elemente aus $k[X_1, \ldots, X_l]$, $\operatorname{Grad}(Q_i) = h_i$ $(i = 1, \ldots, m)$. Δ sei die Unterdeterminante der Matrix*

$$\left(\frac{\partial Q_i}{\partial t^{n_j}}\right)_{\substack{i=1,\ldots,m \\ j=1,\ldots,l}}$$

die aus der i_1-ten, $\ldots$, i_d-ten Zeile und j_1-ten, $\ldots$, j_d-ten Spalte der Matrix gebildet wird. Dann ist

$$\Delta = \varkappa \cdot t^{\sum\limits_{\alpha=1}^{d} h_{i_\alpha} - \sum\limits_{\beta=1}^{d} n_{j_\beta}}, \quad \varkappa \in k.$$

Beweis. Dies folgt sofort aus

$$\frac{\partial Q}{\partial t^{n_j}} = \varkappa_{ij} t^{h_i - n_i}, \quad \varkappa_{ij} \in k.$$

Korollar 5.4. *Ist ξ ein homogenes Element aus $k[H]$, dann ist $\mathfrak{D}_K(k[H]/k[\xi])$ ein homogenes Ideal in $k[H]$.*

Proposition 5.5. *Es sei $\xi \in \operatorname{gr}(R)$ die Leitform von $x \in \mathfrak{m}$. Dann wird $\mathfrak{D}_K(\operatorname{gr}(R)/k[\xi])$ erzeugt von den Leitformen von Elementen aus $\mathfrak{D}_K(R/k[x])$.*

Beweis. Es sei $Q_1, \ldots, Q_m$ ein Erzeugendensystem von $I = \mathrm{Kern}\,(\chi)$, bestehend aus homogenen Elementen von $k[X_1, \ldots, X_l]$ und Q_0 sei ein homogenes Element in $k[X_1, \ldots, X_l]$, das bei χ auf ξ abgebildet wird. Dann ist $\mathfrak{D}_K\,(\mathrm{gr}\,(R)/k[\xi])$ das von den l-reihigen Unterdeterminanten der Matrix

$$\left(\frac{\partial Q_i}{\partial t^{n_j}}\right)_{\substack{i=0,\ldots,m \\ j=1\ldots l}}$$

erzeugte Ideal.

Nach 3.7 besitzt der Kern $\mathfrak{a}$ von

$$\psi\colon\; k[X_1, \ldots, X_l] \to R, \quad \psi(X_i) = x_i$$

ein Erzeugendensystem $\{P_1, \ldots, P_m\}$ mit $\mathrm{L}\,(P_i) = Q_i$ $(i = 1 \ldots m)$. Es sei $P_0 \in k[X_1, \ldots, X_l]$ ein Element mit $\mathrm{L}\,(P_0) = Q_0$ und $\psi(P_0) = x$. Dann ist $\mathfrak{D}_K\,(R/k[x])$ das von den l-reihigen Unterdeterminanten der Matrix

$$\left(\frac{\partial P_i}{\partial x_j}\right)_{\substack{i=0,\ldots,m \\ j=1\ldots l}}$$

erzeugte Ideal in R.

Es sei $\varDelta$ eine solche Unterdeterminante und $\overline{\varDelta}$ die entsprechend ausgewählte Unterdeterminante von $(\partial Q_i/\partial t^{n_j})$. Ist $\overline{\varDelta} \neq 0$ dann gilt

$$\overline{\varDelta} = \mathrm{L}\,(\varDelta),$$

wie man durch vollständige Entwicklung der Determinante $\varDelta$ sofort erkennt. Somit ist 5.5 bewiesen.

Korollar 5.6.

$$v\,(\mathfrak{D}_K\,(\mathrm{gr}\,(R)/k[\xi])) \leq v\,(\mathfrak{D}_K\,(R/k[x])).$$

Da allgemein gilt (vgl. [7]): $\mathfrak{D}_K\,(R/k[x]) \subseteq \mathfrak{D}_D\,(R/k[x])$, *haben wir jetzt eine obere und untere Abschätzung der Differenten von $R/k[x]$ durch die Wertehalbgruppe:*

Korollar 5.7.

$$v\,(\mathfrak{D}_K\,(\mathrm{gr}\,(R)/k[\xi])) \leq v\,(\mathfrak{D}_K\,(R/k[x])) \leq v\,(\mathfrak{D}_D\,(R/k[x]))$$

$$\leq v\,(\mathfrak{D}_D\,(\mathrm{gr}\,(R)/k[\xi])) = D\,(H/s).$$

Wir bestimmen nun $v\,(\mathfrak{D}_K\,(\mathrm{gr}\,(R)/k[\xi]))$ explizit durch die Relationen in H.

Es sei $\{n_1, \ldots, n_l\}$ ein Erzeugendensystem von H. Wir dürfen annehmen, daß $v(x) = n_1$ ist, notfalls nehmen wir $v(x)$ zum Erzeugendensystem hinzu. Wir haben dann $v\left(\mathfrak{D}_K(k\,[H]/k\,[t^{n_1}])\right)$ zu bestimmen.

Es sei $h \in H$ ein Element, das zwei verschiedene Darstellungen durch die Erzeugenden $\{n_1, \ldots, n_l\}$ zuläßt:

$$h = \sum_{i=1}^{l} v_i n_i = \sum_{i=1}^{l} \mu_i n_i. \tag{2}$$

In [12] wurde gezeigt, daß $I = \mathrm{Kern}\,\chi$ erzeugt wird von allen Polynomen

$$F_{(v,\mu)}(X_1, \ldots, X_l) = X_1^{v_1}, \ldots, X_l^{v_l} - X_1^{\mu_1}, \ldots, X_l^{\mu_l},$$

die man aus solchen Elementen h gewinnen kann. Man darf annehmen, daß für jedes $i = 1, \ldots, l$ entweder $v_i = 0$ ist oder $\mu_i = 0$ (oder beide), denn ist dies nicht der Fall, so kann man aus (2) sofort eine Relation herstellen, für die das gilt. Setzen wir dann

$$z = (z_1, \ldots, z_l) = (v_1 - \mu_1, \ldots, v_l - \mu_l),$$

dann ist

$$\frac{\partial F_{(v,\mu)}}{\partial t^{n_j}} = z_j \cdot t^{h - n_j}.$$

Es seien nun l solcher Polynome $F_{(v_i, \mu_i)}$ mit zugehörigen $h_i \in H$ und Vektoren $z_i = (z_{i1}, \ldots, z_{il})$ gegeben. Dann ist

$$\det\left(\frac{\partial F_{(v_i, \mu_i)}}{\partial t^{n_j}}\right) = t^{\sum\limits_{i=1}^{l} h_i - \sum\limits_{j=1}^{l} n_j} \cdot \det(z_{ij}).$$

Da aber das Sklalarprodukt $z_i \cdot (n_1, \ldots, n_l) = 0$ ist, sind die $z_i\ (i = 1, \ldots, l)$ notwendigerweise linear abhängig über k und daher

$$\det\left(\frac{\partial F_{(v_i, \mu_i)}}{\partial t^{n_j}}\right) = 0.$$

Zur Bestimmung von $\mathfrak{D}_K(k\,[H]/k\,[t^{n_1}])$ brauchen wir daher nur Determinanten der Form

$$\begin{vmatrix} 1, & \cdots, & 0 \\ \dfrac{\partial F_{(v_1,\mu_1)}}{\partial t^{n_1}}, & \cdots, & \dfrac{\partial F_{(v_1,\mu_1)}}{\partial t^{n_l}} \\ \vdots & & \vdots \\ \dfrac{\partial F_{(v_{l-1},\mu_{l-1})}}{\partial t^{n_1}}, & \cdots, & \dfrac{\partial F_{(v_{l-1},\mu_{l-1})}}{\partial t^{n_l}} \end{vmatrix} = t^{\sum\limits_{i=1}^{l-1} h_i - \sum\limits_{j=2}^{l} n_j} \cdot \begin{vmatrix} z_{12}, & \cdots, & z_{1l} \\ \vdots & & \vdots \\ z_{l-1,2}, & \cdots, & z_{l-1,l} \end{vmatrix}$$

zu berücksichtigen.

Sind die Vektoren $z_1, \ldots, z_{l-1}$ linear abhängig über k, dann ist die letzte Determinante 0. Sind die Vektoren $z_1, \ldots, z_{l-1}$ linear unabhängig über $\mathbf{Z}$ und sind $\Delta_1, \ldots, \Delta_l$ die $(l-1)$-reihigen Unterdeterminanten von $(z_{ij})_{\substack{i=1\ldots l-1 \\ j=1\ldots l}}$, aufgefaßt als Matrix über $\mathbf{Z}$, dann gilt

$$(\Delta_1, \ldots, \Delta_l) \cdot z_i = 0$$
$$(n_1, \ldots, n_l) \cdot z_i = 0. \qquad (i = 1, \ldots, l-1)$$

Somit unterscheiden sich $(\Delta_1, \ldots, \Delta_l)$ und $(n_1, \ldots, n_l)$ nur um einen Faktor $q \in \mathbf{Q}$. Es gilt $q \neq 0$, da mindestens ein $\Delta_j \neq 0$ ist. Dann ist aber $\Delta_i \neq 0$ für $i = 1, \ldots, l$.

Setzt man nun voraus, daß $p = \operatorname{char} k$ kein Teiler von $n_1, \ldots, n_l$ ist, dann kann die entsprechende Schlußweise auch angewandt werden, wenn (z_{ij}) als Matrix über k aufgefaßt wird.

Wir definieren nun die *Kählersche Differente* $K(H/n_1)$ von H über n_1 folgendermaßen:

$K(H/n_1)$ ist das Ideal von H, das von allen Ausdrücken

$$h_1 + \cdots + h_{l-1} - n_2 - \cdots - n_l$$

erzeugt wird, wobei $h_1, \ldots, h_{l-1}$ Elemente aus H sind, die zu Relationen (v_i, μ_i) $(i = 1, \ldots, l-1)$ Anlaß geben und für die die Vektoren $z_i = v_i - \mu_i$ linear unabhängig über $\mathbf{Z}$ sind.

Wir haben gezeigt:

Satz 5.8. *Die Charakteristik von k teile keines der Erzeugenden $n_1, \ldots, n_l$ von H. Dann wird $\mathfrak{D}_K(k[H]/k[t^{n_1}])$ von den Elementen t^h, $h \in K(H/n_1)$ erzeugt:* $v(\mathfrak{D}_K(k[H]/k[t^{n_1}])) = K(H/n_1)$.

Korollar 5.9. $K(H/n_1)$ *hängt nicht von dem (n_1 enthaltenden) Erzeugendensystem von H ab.*

Für ein System von Elementen $h_1, \ldots, h_{l-1} \in H$, die zu Relationen in H Anlaß geben, seien $z_1, \ldots, z_{l-1}$ die zugehörigen Vektoren aus $\mathbf{Z}^l$.

Wir setzen

$$m := \min_{\{h_1, \ldots, h_{l-1}\}} \{h_1 + \cdots + h_{l-1} \mid z_1, \ldots, z_{l-1} \text{ linear unabhängig in } \mathbf{Z}^l\}.$$

Satz 5.10. *Es sei H eine numerische Halbgruppe mit dem Führer c und $\{n_1, \ldots, n_l\}$ sei ein Erzeugendensystem von H. Dann gilt:*

a) $c \leqq m - \sum\limits_{i=1}^{l} n_i + 1$.

b) *Das Gleichheitszeichen gilt genau dann, wenn H vollständiger Durchschnitt ist.*

Beweis. Es ist nach 5.8 und 4.6

$$m - \sum_{i=2}^{l} n_i \in v\left(\mathfrak{D}_K(k[H]/k[t^{n_1}])\right) \leq v\left(\mathfrak{D}_D(k[H]/k[t^{n_1}])\right) \leq (c + n_1 - 1),$$

also

$$m - \sum_{i=1}^{l} n_i + 1 \geqq c.$$

Ist H vollständiger Durchschnitt, dann ist $k[H]$ vollständiger Durchschnitt und $\mathfrak{D}_K(k[H]/k[t^{n_1}])$ nach 5.1 ein Hauptideal (etwa char $k = 0$ vorausgesetzt). Es ist klar, daß $v\left(\mathfrak{D}_K(k[H]/k[t^{n_1}])\right) = K(H/n_1)$ ist. Da $m - \sum_{i=2}^{l} n_i$ das kleinste Element in $K(H/n_1)$ ist, folgt

$$K(H/n_1) = \left(m - \sum_{i=2}^{l} n_i\right).$$

Andererseits ist

$$v\left(\mathfrak{D}_K(k[H]/k[t^{n_1}])\right) = v\left(\mathfrak{D}_D(k[H]/k[t^{n_1}])\right) = D(H/n_1) = (c + n_1 - 1)$$

nach 4.6. Es folgt

$$m - \sum_{i=1}^{l} n_i + 1 = c.$$

Ist H kein vollständiger Durchschnitt, aber symmetrisch, dann ist

$$v\left(\mathfrak{D}_K(k[H]/k[t^{n_1}])\right) < v\left(\mathfrak{D}_D(k[H]/k[t^{n_1}])\right)$$

(echte Inklusion) nach 5.2. Ist H nicht symmetrisch, dann ist

$$v\left(\mathfrak{D}_D(k[H]/k[t^{n_1}])\right) < (c + n_1 - 1).$$

In beiden Fällen folgt

$$c < m - \sum n_i + 1.$$

Satz 5.10 läßt sich auffassen als eine Abschätzung (bzw. Bestimmung) des minimalen Werts des Führers von R nach V (unter den angegebenen Voraussetzungen) durch die Erzeugenden und Relationen der Wertehalbgruppe von H. Andererseits ist 5.10 ein rein halbgruppentheoretischer Satz. Er wurde in [12] vermutet.

Wir geben nun ein Beispiel für einen Ring R, der vollständiger Durchschnitt ist, ohne daß seine Wertehalbgruppe ein vollständiger Durchschnitt ist:

Die Wertehalbgruppe H des Rings $R = k[t^6, t^8 + 2t^9, t^{10} + t^{11}]$ wird erzeugt von 6, 8, 10, 17 und 19. Man überprüft leicht, daß H

symmetrisch ist. Nach 2.21 ist daher R ein Gorensteinring. Da $\operatorname{edim} R - \dim R = 2$, folgt hieraus nach einem Satz von Serre [14], daß R ein vollständiger Durchschnitt ist.

Andererseits rechnet man sofort nach, daß $c = 22$ und $m - \sum\limits_{i=1}^{l} n_i + 1 = 29$ ist. Also ist H nach 5.10 kein vollständiger Durchschnitt.

Wir bezeichnen mit I^* das Ideal von H, das von allen $h \in H$ erzeugt wird, die zu Relationen bez. $n_1, \ldots, n_l$ Anlaß geben. Mit $(n_1, \ldots, n_l)^\perp$ werde die Menge aller $z = (z_1, \ldots, z_l) \in \mathbf{Z}^l$ bezeichnet, für die $\sum\limits_{i=1}^{l} z_i n_i = 0$ gilt.

Ist ein solches z gegeben und sind etwa $z_1 \geq 0, \ldots, z_\lambda \geq 0$, $z_{\lambda+1} < 0, \ldots, z_l < 0$, dann wird

$$\varrho(z) = \sum_{j=1}^{\lambda} z_j n_j = \sum_{j=\lambda+1}^{l} (-z_j) n_j$$

gesetzt. Mit F_z wird das Polynom $X_1^{z_1} \ldots X_\lambda^{z_\lambda} - X_{\lambda+1}^{z_{\lambda+1}} \ldots X_l^{z_l}$ bezeichnet. Analog soll $\varrho(z)$ und F_z für ein beliebiges $z \in (n_1, \ldots, n_l)^\perp$ definiert sein. Der folgende Satz gibt eine Beschreibung des Relationenideals I^* für einen vollständigen Durchschnitt H.

Satz 5.11. *Folgende Aussagen sind äquivalent:*

a) *H ist vollständiger Durchschnitt.*

b) *$I^* = (h_1, \ldots, h_{l-1})$ mit $h_1 + \cdots + h_{l-1} = m$, wobei $h_i = \varrho(z_i)$ ($i = 1, \ldots, l-1$), $z_i \in (n_1, \ldots, n_l)^\perp$ und wobei die z_i folgende Eigenschaften besitzen:*

α) *$z_1, \ldots, z_{l-1}$ sind linear unabhängig über $\mathbf{Z}$.*

β) *Ist $z \in (n_1, \ldots, n_l)^\perp$ und sind $i_1, \ldots, i_\lambda$ diejenigen der Zahlen aus $\{1, \ldots, l-1\}$ für die $\varrho(z) \in (h_i)$ gilt, dann ist z linear abhängig von $z_{i_1}, \ldots, z_{i_\lambda}$.*

Beweis. Wir setzen $R := k[H]$, wobei k ein Körper der Charakteristik 0 ist.

Ist H vollständiger Durchschnitt, dann wird der Kern von

$$\psi: k[X_1, \ldots, X_l] \to k[H], \psi(X_i) = t^{n_i}$$

erzeugt von $l - 1$ Polynomen $F_{z_1}, \ldots, F_{z_{l-1}}$, wobei die $z_i \in (n_1, \ldots, n_l)^\perp$ linear unabhängig sind und (nach 5.8 und 5.10)

$$\varrho(z_1) + \cdots + \varrho(z_{l-1}) = m$$

ist.

Ist nun $z \in (n_1, \ldots, n_l)^{\perp}$, $z = (z_1, \ldots, z_l)$, so ist

$$dF_z = \sum_{i=1}^{l} \frac{\partial F_z}{\partial t^{n_i}} dX_i = \sum_{i=1}^{l} z_i\, t^{\varrho\,(z)-n_i} dX_i$$

linear abhängig über R von $dF_{z_1}, \ldots, dF_{z_{l-1}}$:

$$dF_z = \sum_{i=1}^{l-1} r_i\, dF_{z_i} \qquad (r_1, \ldots, r_{l-1} \in R).$$

Durch Koeffizientenvergleich ergibt sich, daß $\varrho\,(z) \in (\varrho\,(z_i))$ für mindestens ein i gilt, folglich $I^* = (\varrho\,(z_1), \ldots, \varrho\,(z_{l-1}))$. Ebenfalls durch Koeffizientenvergleich folgt die Aussage $\beta)$ des Satzes. Ist umgekehrt b) erfüllt, dann ist für jedes $z \in (n_1, \ldots, n_l)^{\perp}$

$$dF_z \in \langle dF_{z_1}, \ldots, dF_{z_{l-1}} \rangle,$$

wobei die $dF_{z_1}, \ldots, dF_{z_{l-1}}$ linear unabhängig über R sind. Aus

$$D_k(R) = \bigoplus_{i=1}^{l} R\, dX_i / \langle dF_{z_1}, \ldots, dF_{z_{l-1}} \rangle$$

folgt proj. dim $D_K(R) \le 1$. Folglich ist $R = k[H]$ ein vollständiger Durchschnitt und daher auch H.

Beispiel 5.12. Die numerischen Halbgruppen H mit den kanonischen Erzeugenden $n_1, \ldots, n_l$, die vollständige Durchschnitte sind, und für die I^* Hauptideal ist, lassen sich einfach beschreiben:

Es sei $I^* = (h)$. Dann gibt es nach 5.11 $l-1$ linear unabhängige Vektoren $z_1, \ldots, z_{l-1} \in (n_1, \ldots, n_l)^{\perp}$ mit $\varrho\,(z_i) = h$ $(i = 1, \ldots, l-1)$. Da h das kleinste Element ist, das zu einer Relation bez. $n_1, \ldots, n_l$ Anlaß gibt, folgt

$$h = x_1 n_1 = x_2 n_2 = \cdots = x_l n_l,$$

wobei die x_i paarweise teilerfremd sind. Man schließt sofort, daß

$$n_i = \prod_{j \neq i} x_j \ (i = 1, \ldots, l)$$

ist.

Sind umgekehrt paarweise teilerfremde Elemente $x_1, \ldots, x_l$ gegeben und definiert man die n_i $(i = 1, \ldots, l)$ nach dieser Formel, dann erzeugen die n_i eine Halbgruppe H mit $I^* = (x_1 \cdot \ldots \cdot x_l)$.

Literatur

1. Abhyankar, S.: Local rings of high embedding dimension. Amer. J. Math. **89**, 1073—1077 (1967).
2. Artin, E.: Algebraic numbers and algebraic functions. New York: Benjamin 1967.

3. Azevedo, A.: The jacobian ideal of a plane algebroid curve. Thesis, Purdue University, 1967.
4. Bass, H.: On the ubiquity of Gorenstein rings. Math. Z. **82**, 8—28 (1963).
5. Berger, R.: Differentialmoduln eindimensionaler lokaler Ringe. Math. Z. **81**, 326—354 (1963).
6. — Über eine Klasse unvergabelter lokaler Ringe. Math. Ann. **146**, 98—102 (1962).
7. — Über verschiedene Differentenbegriffe. Ber. Heidelberger Akad. Wiss. 1960, I. Abh. (1960).
8. — Kiehl, R., Kunz, E., Nastold, H.-J.: Differentialrechnung in der analytischen Geometrie, Lecture Notes in Mathematics, Bd. 38. Berlin-Heidelberg-New York: Springer 1967.
9. Ebey, S.: The classification of singular points of algebraic curves. Trans. Amer. Math. Soc. **72**, 414—436 (1952).
10. Ferrand, D.: Suite régulière et intersection complète. C. R. Acad. Sci. Paris **264**, 427—428 (1967).
11. Gröbner, W.: Über irreduzible Ideale in kommutativen Ringen. Math. Ann. **110**, 197—222 (1934).
12. Herzog, J.: Generators and relations of abelian semigroups and semigrouprings. Manuscripta math. **3**, 175—193 (1970).
13. Kunz, E.: Vollständige Durchschnitte und Differenten. Arch. Math. **19**, 47—58 (1968).
14. Serre, J. P.: Sur les modules projectifs. Sem. Dubreil-Pisot 1960/61, Exp. 2.
15. Vasconcelos, W. V.: A note on normality and the module of differentials. Math. Z. **105**, 291—293 (1968).
16. Wolffhardt, K.: Variation of a complex structure in a point. Amer. J. Math. **90**, 553—567 (1968).
17. Zariski, O.: Studies in equisingularity I. Amer. J. Math. **87**, 507—535 (1965).

Sitzungsberichte der Heidelberger Akademie der Wissenschaften
Mathematisch-naturwissenschaftliche Klasse
Erschienene Jahrgänge

Springer-Verlag Berlin Heidelberg New York